便當八分滿

辦公午食、小酌聚會、運動補給，
50個生活場景裡撫慰人心的便當料理

不務正業男子 Ayo

序

　　距離我的上一本書《台味便當》出版至今，已經將近三年，中間的日子，除了持續進行各種食譜設計工作之外，構思下一本書的想法也從來沒有間斷，身邊的朋友時不時也會和我提起這件事，但無奈的是一直找不到適合分享的主題與方向，同時我也覺得很多事情越是急於找到解答或是尋求破口，就越容易困在原地。天時地利人和，是強求不來的。

　　兩年前的我，恐怕無法這麼一派輕鬆地講出這些話，肯定緊張到要死，但我覺得自己總是被一股力量給眷顧著，讓我逐漸找到使自己內心平靜的方法，也讓我的人生有了許多改變。

　　這個改變，是從一篇文章開始的，文中談到在日本發生 311 大地震後，設計師深澤直人和無印良品，共同提出了「物的八分目」設計概念並舉辦相關議題展覽，這裡的八分目，是源自日本俗語「腹八分目」（飯吃八分飽），這句俗語背後的意義，就是要傳達「適切」的重要性，同時深澤直人也希望這樣的概念，能夠提醒這個過度消費的世代，應該要開始學習如何降低過剩的物質欲望。

　　這樣的概念讓我開始反思，除了物質欲望以外，是不是在其他事情上，也需要「適切」呢？

　　我認爲我們所身處的社會中，工作上的付出程度、下班和休假日的規劃安排，亦或是家人、伴侶、朋友之間的關係經營，多少都會因爲他人的眼光、情緒勒索或是沒有自信，硬逼自己要達到某個樣貌，而追求這個樣貌的過程中，我們身心靈的狀態很有可能已經超載了。

　　於是我試著把「八分」這個概念，融入到生活中的每個場景，然後我發現自

己重拾了好久沒出現的笑容，也更有勇氣去面對未知的恐懼，這樣的「八分」概念，也漸漸成為我的生活哲學與處世態度，直到現在。

而出書的契機，也在意想不到的情況下，降臨在我身上。

半年多前，與一個朋友聚餐的時候，我們聊了許多如何讓自己活得更快樂的方式，我跟他分享這兩年間我因為「八分」的生活哲學所產生的改變，沒想太多的狀態下洋洋灑灑講了不少，甚至還擔心朋友覺得我囉唆，但他告訴我，這段話給了他很多力量，這不僅讓我有了信心，同時也感到很幸福。當天晚上準備就寢前，我想起了與朋友的那段談話，突然靈機一閃：「新書的主題就決定寫這個了！」

我拋下睡意，立刻起身打開電腦開始敲著鍵盤，寫下一行又一行關於「八分」生活哲學結合料理食譜的想法，這本新書的開端也在那個深夜誕生，接下來很幸運地在很多人的協助之下，送到了各位的手上。

這本書裡的文字與料理，不僅僅是分享、紀錄我自身的改變，同時我也期許它能夠為正在閱讀的你們，帶來一些突破框架的力量，也希望大家在未來的日子裡，能夠活得更加輕鬆自在。

AyokAto

目次

Chapter 3
上班族的午食便當

Chapter 4
自家的小酌飯桌

前言

關於便當，也關於「八分」的幸福感

試著回想一下，我們正值青春時期活力正旺盛的時候，即使吃得很飽很撐，不用一會兒就代謝完畢了，而且在遇到挑戰、壓力時，好像也可以依靠年輕氣盛的狀態挺過去或是忍著；但隨著年紀漸長，身體代謝的機能開始減弱之後，吃過多反而會讓自己不舒服甚至想吐，而我們吞下的工作責任跟社會期望更是多到我們時常感到窒息、反胃，如果長期忽略這種感受或是硬撐下去，我們的身心靈都有可能走向爆掉一途。

該怎麼讓自己不要這麼緊繃？試著練習用「八分」的態度來面對生活吧！

這本書裡提到的「八分」，並不是一個能夠精確計算出來的值與量，而是一個「適切」的樣子，怎麼樣又是「適切」？例如吃飯或是準備便當的時候，我們可以稍微評估一下自己可以吃到「剛好飽又不至於太餓」的份量；當我們要準備工作提案的時候，我們可以在前期盡力地做到理想目標的八成，剩下的二成則留給和工作夥伴一同調整、修改的空間。

其實，所有餘下的二成都是一個緩衝，這種緩衝不僅是留給自己休息，更能讓我們自己有機會和其他人一起把事情推向更好的狀態。

「八分」概念的另外一個意義，也在於便當輕鬆地融入我們生活裡許多場景或是重要時刻，是不需要拘泥於一種形式或樣貌的。無論是食材器具上的前置與準備、食譜作法的份量以及分享的文字，都只是我自己的生活經驗，不一定要完全照本宣科地跟著做，因為我始終認為，那些經驗都是僅供參考，做出自己喜愛

的料理味道、找到自己生活的方式、追求自我實現，同時試著讓準備便當變成療癒自己的一種日常儀式，才是最重要的。

所以接下來的內容，我會分享如何讓人家在忙碌、快速又緊繃的日子裡，運用更快速、有效率的前置作業、工具與一些基礎烹調觀念，準備出一個又一個美味又能餵飽身心靈的便當。另外，我也設計了 50 道我認為適合應用在現代生活場景中的便當料理，無論是上班時的精神來源、下班後的自家小酌、運動健身所需的能量補給，或親友相聚時的溫馨時光，都可以有便當的陪伴。便當的意義，從來不僅是侷限在一個盒子裡面的。

另外，本書裡有大量料理片刻的照片，是我在設計編排裡的一個重要概念，這些照片沒有文字說明，僅僅透過攝影師的眼睛，寫實紀錄我在廚房烹調的吉光片羽，同時也帶著大家進入這本書的製作過程，而且當你們讀文字讀到疲憊時，這些照片或許就能夠提供一些在視覺上的緩衝與平靜。

現在，誠摯地邀請大家翻開下一章，帶著愉快的心情，和我一起做出撫慰身心靈的便當吧！

CHAPTER 1

做料理，也需要配速

先做好前置準備，就有更多餘裕享受料理這件事。

用八分力就能備料——
生鮮與蔬菜的處理、保存

一、肉類與海鮮

　　肉類與海鮮是許多人生活飲食中的蛋白質主要來源，我自己在做便當的時候也很常使用這些食材。忙碌的現代人取得這些食材的管道，不是用網路訂購冷凍品，就是在家中附近的超市或大賣場採買，但有些時候購買的肉類、海鮮類食材不一定能一次就用完，可能會分好幾餐吃，但這些生鮮食材只要拆封過後，再重新放回冰箱冷藏，其實就容易滋生細菌而導致腐敗。所以在這個篇章會分享一些我個人很常使用的保存技巧，讓這些食材保鮮，同時又能節省冰箱空間，甚至能夠幫助我們在料理時更快速方便！而肉類與海鮮這個段落中提到的調味方式，也都會在下一篇「肉類與海鮮醃製」完整揭露。

●豬肉

　　這裡提到的豬肉，皆以盒裝的冷藏生鮮豬肉來舉例，一盒的份量大多是200g-350g 不等，會依照部位、分切方式的不同而有些許差異，基本上我在買回家之後，都會先做調味處理、分裝，放進冷凍庫保存，要烹調前一晚再移到冰箱冷藏解凍。

　　豬五花肉片：以一盒約為 300g 來計算，先用廚房紙巾擦乾表面的水分之後，可分成 100g 或 150g 的量。而豬五花片通常都是拿來做快炒菜居多，所以可以先進行簡單的調味，接著用廚房紙巾和保鮮膜包起來，最後放入一個塑膠袋或夾鏈

袋裡,再放進冷凍庫保存。

豬五花條:以一盒約 350g(2 條)來計算,先用廚房紙巾擦乾表面的水分,2 條豬五花可以先進行調味(鹽漬或是用簡單的風味鹽輕醃),接著用廚房紙巾和保鮮膜包起來,最後放入一個塑膠袋或夾鏈袋裡,再放進冷凍庫保存。

豬梅花塊:以一盒約 300g-400g(整塊)來計算,調味方式除了用鹽、黑胡椒輕醃(燉煮用)以外,也可將整塊豬梅花放進鹽滷水裡冷藏醃製 12 小時後,用廚房紙巾擦乾表面的水分,接著分切成 2 塊,並用廚房紙巾和保鮮膜包起來,最後放入一個塑膠袋或夾鏈袋裡,再放進冷凍庫保存。

松阪豬:以一盒約 250g-300g(整塊)來計算,用風味鹽輕醃之後,分切成 2 塊,並用廚房紙巾和保鮮膜包起來,最後放入一個塑膠袋或夾鏈袋裡,再放進冷凍庫保存。

●雞肉

　　近年來我採購的生鮮雞肉，都是冷凍貼體包裝的為主，大部分的重量都是 200g-250g 左右，這邊得要稍微提一下雞肉選擇冷凍貼體包裝的好處，除了不容易滋生細菌以外，也會比較方便疊放在冷凍庫裡。通常我的作法會是需要調味前，先將冷凍生鮮雞肉放置在冰箱冷藏解凍，再進行分裝、醃製的動作，放置冷凍庫保存。等到要烹調前一晚，放到冰箱冷藏解凍即可，這樣就能在烹調的時候快速完成料理。

　　去骨腿排：以一包約 200g 的雞腿排來計算，冷藏解凍之後，先用廚房紙巾擦乾表面的水分，再用風味鹽或風味油醃過，接著放入夾鏈袋裡，放進冷凍庫保存。

　　雞胸肉：以一包約 300g 的雞胸肉來計算，通常一副雞胸就是 2 塊，我會把雞胸肉放進鹽滷水裡冷藏醃製 12 小時後，再用廚房紙巾擦乾表面的水分，接著分別把兩塊雞胸肉用廚房紙巾和保鮮膜包起來，最後放入一個塑膠袋或夾鏈袋裡，放進冷凍庫保存。

　　雞里肌肉：以一包約 300g 的雞里肌來計算，大約是 7-9 條左右，先用廚房紙巾擦乾表面的水分，可以分別用風味鹽或風味油醃過，接著放入夾鏈袋裡，放進冷凍庫保存。

　　雞腿絞肉：以一包約 300g 的雞腿絞肉來計算，因為考量雞腿絞肉在烹調過後，體積會縮小許多，所以就不需要做分裝的動作，簡單用鹽、胡椒調味之後，就可以放入夾鏈袋裡，鋪平後再放進冷凍庫保存。

●牛肉

　　放在便當裡的牛肉料理，盡量要選擇重複加熱也不容易乾柴的部位，所以油花較多的牛五花片、全熟也好吃的牛小排、燉煮後就會軟嫩的牛肋條都是非常好的選項。

　　牛五花片：以一盒約 200g 來計算，先用廚房紙巾擦乾表面的水分之後，分成 100g 的量。牛五花片通常都是拿來做快炒菜居多，所以可以先進行簡單的調味（風味鹽輕醃），接著用廚房紙巾和保鮮膜包起來，最後放入一個塑膠袋或夾鏈袋裡，再放進冷凍庫保存。

　　無骨厚切牛小排：以一包約為 300g-350g 來計算，先用廚房紙巾擦乾表面的水分之後，一大塊分成 2 條，進行簡單的調味（風味鹽輕醃），接著用廚房紙巾和保鮮膜包起來，最後放入一個塑膠袋或夾鏈袋裡，再放進冷凍庫保存。

　　牛肋條：以一包約為 550g-600g 來計算，先用廚房紙巾擦乾表面的水分，將牛肋條表面過多的油脂切除後，切成每一塊大約 5 公分長小塊狀，進行簡單的調味（風味鹽輕醃），再用廚房紙巾和保鮮膜包起來，最後放入一個塑膠袋或夾鏈袋裡，再放進冷凍庫保存。

●海鮮

白蝦：通常放在便當裡的蝦子，我一定會去殼才會烹調，因為保留殼的話，隔夜冷藏容易產生腥味。所以，我首先會將殼、腸泥都去除，並且在蝦子上灑一點麵粉，輕輕搓揉後，用流水沖乾淨，這個步驟是為了讓蝦子上的雜質被去除得更加乾淨。清洗乾淨的白蝦，再用廚房紙巾擦乾表面的水分，放入一個塑膠袋或夾鏈袋裡，鋪平放進冷凍庫保存。

蛤蠣：一般來說，我們在超市買到的蛤蠣很多是真空包裝，但只要拆開來之後，用不完可能會讓很多人困擾，但其實蛤蠣保存不會很麻煩，只要將蛤蠣確實的用袋子捆緊，把空氣擠出（分裝也可以用這種方式），放在冰箱冷藏，就能保存大約 5 天左右。

　　無刺鱸魚排：以一片為約 200g-300g 的冷凍鱸魚排來計算，放在冰箱冷藏解凍之後，可以分切成 2 塊，擦乾水分再用風味鹽進行簡單的調味，接著以廚房紙巾和保鮮膜分別包起來，最後放入一個塑膠袋或夾鏈袋裡，放進冷凍庫保存。

　　鮭魚菲力：便當裡的鮭魚我喜歡使用沒有帶骨頭的鮭魚菲力，除了比較方便烹調以外，也較不容易產生腥臭味，這邊以一片約為 200g-250g 的冷藏鮭魚菲力來計算，可以分切成 2 塊，擦乾水分後，用風味鹽進行簡單的調味，再用廚房紙巾和保鮮膜分別包起來，最後放入一個塑膠袋或夾鏈袋裡，放進冷凍庫保存。

　　中卷：目前能買到的中卷，大部分都是冷凍的狀態，但是一大尾中卷很難一次吃得完，所以我的作法都是將冷凍的中卷放在冰箱冷藏解凍之後，將內臟取出、清洗乾淨，這個步驟是因為內臟是最容易造成腥臭味的主因。接著，將中卷分切成自己想要吃的大小，把中卷上的水分用廚房紙巾吸乾，然後以風味油進行簡單的醃製，最後分成 2-3 份放入夾鏈袋裡鋪平，放進冷凍庫保存。

二、蔬菜

●葉菜類

高麗菜：一般來說，高麗菜通常都是整顆或是剖成半顆的狀態在販售，但一整顆高麗菜不太可能一次全部吃完，這時候我們可以先將高麗菜分切起來保存。以整顆約 900g 的高麗菜來計算，我們可以分切成四等分（記得要保留菜心的部分，那是高麗菜的水分來源），並用沾濕的廚房紙巾完整包覆住，再用保鮮膜緊緊包住，最後塑膠袋或夾鏈袋裝起來，放進冰箱冷藏。

青花菜：青花菜放在冰箱冷藏最常碰到的問題就是黃掉，所以買回來的整顆青花菜若是沒有要馬上使用，我的作法會是用沾濕的廚房紙巾完整包覆住，再用保鮮膜緊緊包住，最後再用塑膠袋或夾鏈袋裝起來，放進冰箱冷藏保存。若是要

節省在烹調前的備料時間，可以先分切成小朵狀，用熱鹽水汆燙個 30 秒後，撈起立刻冰鎮，等到青花菜都徹底冷卻之後，瀝乾並用廚房紙巾擦乾水分，再放入夾鏈袋裡，擠出空氣封緊，放進冷凍庫保存，要烹調的時候直接拿出來用即可。

生菜：生菜是一種非常怕擠壓、低溫的蔬菜，所以在保存生菜的時候要特別注意，買回來一大包生菜如果用不完，得用一個容量較大的保鮮盒，在保鮮盒內的底部，鋪一層沾濕的廚房紙巾，再把生菜放進去，並且將保鮮盒蓋緊，放進冰箱冷藏保存。

●根莖瓜果類

馬鈴薯：馬鈴薯是一種非常耐放的蔬菜，只要用紙巾包好，放入塑膠袋或夾鏈袋裡並且封緊，再放進冰箱冷藏，就能保存 3 個月左右。若是要節省在烹調前的備料時間，可以先削皮並分切成約 3 公分的小塊狀，泡鹽水大約 30 分鐘。馬鈴薯塊泡完水後，放進一個鍋子，倒入蓋過馬鈴薯的生飲水，加入一點鹽，開中火煮滾後轉小火，大約煮 10 分鐘後，即可撈出冷卻。等到馬鈴薯塊都徹底冷卻之後，用廚房紙巾擦乾水分，再放入夾鏈袋裡，擠出空氣封緊，放進冷凍庫保存，要烹調的時候直接拿出來用即可。

胡蘿蔔：胡蘿蔔的保存方式其實很簡單，只要用乾的廚房紙巾，將整根或是分切成四等份大塊狀的胡蘿蔔包好，接著用保鮮膜包緊再入進塑膠袋或夾鏈袋裡，放進冰箱冷藏保存即可。

櫛瓜：櫛瓜是比較怕低溫的蔬菜，很容易在冰箱裡保存到凍傷，可以用多層一點的廚房紙巾包裹住，再用保鮮膜包緊，放入塑膠袋或夾鏈袋裡，最後放進冰箱冷藏保存即可（建議離出風口遠一點）。

小黃瓜：小黃瓜跟櫛瓜一樣，都是比較怕低溫的蔬菜，一樣很容易在冰箱裡保存到凍傷，可以參考上方櫛瓜的保存方式。

●蕈菇類

蕈菇類因為本身結構的關係，它們就像是一塊海綿，很容易吸收水分，吸收水氣的菇類會產生異味，也容易腐敗，所以在保存上需要注意不能儲藏在過於潮濕的環境，也需要通風。從超市、量販店買回來的包裝菇類，若看見裡面有水氣，就需要拆開包裝用廚房紙巾擦乾，再重新分裝起來，這樣才能保存得夠久。

鮮香菇：將香菇的表面擦乾之後，一個一個用廚房紙巾包起來，然後讓菇傘是朝上的狀態，放入塑膠袋或是夾鏈袋裡，並留一個小開口讓袋子裡保持通風，最後放進冰箱冷藏保存。

杏鮑菇：將杏鮑菇的表面擦乾之後，一個一個用廚房紙巾包起來，然後平放入塑膠袋或是夾鏈袋裡，呈現排列的狀態，也必須留一個小開口讓袋子裡保持通風，最後放進冰箱冷藏保存。

鴻禧菇：通常買回來的鴻禧菇，都是一包約 100g，如果沒有要一次使用完，建議先剝成兩半，不要切除根部，然後用廚房紙巾包起來，放入一個小型保鮮盒裡，不要蓋上蓋子，直接放進冰箱冷藏保存。

美白菇：保存方式和鴻禧菇相同。

秀珍菇、舞菇：秀珍菇、舞菇是水分含量比較多的蕈菇類，所以買回來之後可先將包裝拆開來，把菇放在一個濾網上，置於通風處把水氣去除。水氣去除之後，放入一個鋪有廚房紙巾的保鮮盒裡，不要蓋上蓋子，直接放進冰箱冷藏保存。

●其他

玉米：玉米是比較不耐放的蔬菜，從超市或量販店買回來之後，如果沒有馬上要用或是想要節省烹調前的時間，可以先做預煮的動作。將玉米去皮去鬚之後，放進加了鹽的滾水中煮熟，煮熟的玉米馬上放進冰塊水裡冰鎮，玉米都完全冷卻之後，將玉米表面的水分吸乾，就可以用廚房紙巾包起來，再用保鮮膜包緊，

放進冷凍庫保存，要烹調前一晚放到冰箱冷藏解凍，解凍完成後再切下玉米粒或切段即可。

牛蕃茄：在超市買到的牛蕃茄通常都是 2-3 顆的包裝，假如一次沒辦法全部用完，就將牛蕃茄單顆單顆用廚房紙巾包起來，然後放入塑膠袋或是夾鏈袋裡，再放進冰箱冷藏保存。存放位置盡量放在不容易與其他物品擠壓碰撞到的地方，否則很容易破損。

豆芽菜：豆芽菜算是很不耐放的蔬菜，只要買回來沒有馬上拆封烹調，過幾天就會發現包裝裡有一些豆芽菜的根部出現腐爛的狀態，所以我的作法會是先將原包裝拆開來，將豆芽菜根部的鬚拔掉之後，用廚房紙巾將豆芽菜包裹住，放入一個塑膠袋或夾鏈袋，並留一點開口保持通風，最後放進冰箱冷藏保存。

甜椒：這邊指的甜椒，包含紅甜椒、黃甜椒以及青椒，保存的方式只要將整顆的甜椒用廚房紙巾包覆起來，再用保鮮膜封緊，最後放進冰箱冷藏保存即可。

●辛香料

青蔥：從量販店買回來的青蔥總是一整把放在塑膠袋裡，在沒有分裝的狀態下，常需要整把拿出來，取出一根青蔥再放回去，這樣實在是有夠浪費時間跟力氣。我建議的作法會是，將整把蔥洗淨，並風乾、擦乾去除水氣。接著，把蔥白跟蔥綠分切開來，蔥綠的部分可以再分切成兩段，接著用廚房紙巾把蔥白跟蔥綠分開包裹起來，再分別放入塑膠袋或是夾鏈袋裡，最後放進冰箱冷藏保存。

大蒜：處理大蒜是烹調工作裡比較花時間的一環，光是要撥掉表層的皮和薄膜就會讓人覺得很麻煩了，所以先將大蒜處理好是最好的方式。我們可以依據所要料理的模式來選擇處理的方式，如果想要做醬料的話，就可以先將大蒜磨成泥狀，分裝到小塑膠袋裡並且鋪平，折疊起來放進冷凍庫保存。如果是要切片或是切末，可以在去除表皮之後，將一顆顆的大蒜放進夾鏈袋裡並且鋪平，最後放進冷凍庫保存。

辣椒：辣椒有兩種保存方式，一種是整把辣椒用廚房紙巾包緊，再放入夾鏈袋裡，擠出空氣之後封緊，放進冰箱冷藏保存。另一種方式是可以先將一根一根的辣椒切成片狀，分裝到小塑膠袋裡，將開口封緊之後放進冷凍庫保存。

薑：這邊指的薑是一般的中薑，非老薑或嫩薑，保存的方式通常有兩種方式，可以依據所要料理的模式來選擇處理的方式。如果是要做醬料的話，可以先把薑去皮之後磨成泥狀，分裝到小塑膠袋裡並且鋪平，折疊起來放進冷凍庫保存。另外一種方式則可以在去除表皮之後，切片、切絲或是切末，放進夾鏈袋裡並且鋪平，最後放進冷凍庫保存。

洋蔥：洋蔥在沒有切開來的情況下，放在陰涼通風處通常可以保存 1-2 週，假使是切開來沒有使用完的狀況，可以在剖面處用廚房紙巾包裹住，再用保鮮膜封緊，最後放進冰箱冷藏保存。

九層塔：九層塔的保存應該是很多人心中的大麻煩，每次整把買回來沒有用完，隔天打開冰箱就整坨黑掉，這是因為九層塔的葉子其實很脆弱，很容易因為

溫度過低加上冰箱過於乾燥而發黑。我建議的保存方式是先將買回來的九層塔表面的水氣擦乾，再準備一個容量較大的保鮮盒，在保鮮盒內鋪上兩層沾濕的廚房紙巾，最後把九層塔放進保鮮盒裡，蓋上蓋子之後，放進冰箱冷藏保存，並且離出風口遠一點。

香菜：香菜的保存也是很多人覺得很頭痛的事，其實只要準備一個大約 15 公分高的長方型保鮮盒，把香菜放進保鮮盒裡後，再倒入可以淹過根部的生水，蓋上蓋子就可以放進冰箱冷藏保存。

簡單步驟做起來，給你多兩分料理的空間——肉類與海鮮醃製

在前一篇，我們有提到肉類與海鮮可以預先處理、調味醃製保存起來，所以本篇就要教大家如何製作本書中會用到的醃製調味料，只要先做起來，就會節省非常多前置備料的時間，也進而節省烹調的時間。

這些調味醃料的味道僅提供大家參考用，像是風味鹽裡的海鹽份量，是我依據肉的重量的 2% 來計算，我認為這樣肉醃起來的鹹淡適中，味道也很夠，但若是大家試完之後覺得還可以再吃清淡一點，可自行調整鹹度。

此外，本書中所使用到的乾燥香料、新鮮辛香料，都是在超市、量販店容易取得的，如果真的買不到，其實現在網路電商非常方便，按幾個鍵下訂單，很快就可以交到你的手上。另外，這裡使用的量匙是國際標準量匙，我平常慣用無印良品的不鏽鋼長柄計量匙，建議可以大、小各買一支，加起來不到台幣 300 元，但卻可以使用非常久，對於廚房道具來說，算是非常划算的投資喔！

一、風味鹽

●花椒胡椒鹽 1 份

[材料]

花椒粒……1.5 小匙

現磨黑胡椒……0.5 小匙

海鹽……1 小匙

［作法］

1. 小火加熱一支炒鍋並放入花椒，煸出香氣後放入鹽炒鬆，花椒快變成深褐色時，將花椒鹽取出。

2. 花椒鹽取出放涼後，磨成細粉加入黑胡椒，混合均勻即可裝盒／罐備用。放置常溫保存 1 週，可保持最佳風味。

［本書食譜建議醃製份量］

1. 鹽味蔬菜豬肉炒飯：豬五花條 150g，使用 0.5 份花椒胡椒鹽。

2. 蔥油雞飯：去骨腿排 200g，使用 0.5 份花椒胡椒鹽。

3. 鹽味豬肉炒麵：豬五花條 150g，使用 1 份花椒胡椒鹽。

4. 椒香雞肉三明治：雞胸肉 150g，使用 0.5 份花椒胡椒鹽。

●黑胡椒蒜鹽 1 份

［材料］

現磨黑胡椒……1.5 小匙

罐裝香蒜粒……1 小匙

海鹽……1 小匙

[作法]

1. 所有材料混合均勻後即可裝盒／罐備用。

[本書食譜建議醃製份量]

1. 黑胡椒野菇牛肉炒飯：牛小排 150g，使用 0.5 份黑胡椒蒜鹽。

2. 蔥鹽醬牛排與大蒜奶油飯：牛小排 200g，使用 0.5 黑胡椒蒜鹽。

3. 蜂蜜檸檬雞腿排飯：去骨腿排 400g，使用 1 份黑胡椒蒜鹽。

4. 清炒野菇雞肉義大利麵：100g，使用 0.5 份黑胡椒蒜鹽。

5. 香煎牛小排配蔬菜歐姆蛋：牛小排 200g，使用 1 份黑胡椒蒜鹽。

6. 酒香燉牛肉與麵包片：牛肋條 800g，使用 2 份黑胡椒蒜鹽。

●香蒜辣味鹽 1 份

[材料]

罐裝香蒜粒……2 小匙

乾辣椒碎片……1 小匙

海鹽……1 小匙

[作法]

1. 所有材料混合均勻即可裝盒／罐備用。

[本書食譜建議醃製份量]

1. 番茄風味雞肉炒飯：去骨腿排 100g，使用 0.5 份香蒜辣味鹽。

2. 燒烤松阪豬配堅果地瓜泥：松阪豬 200g，使用 1 份香蒜辣味鹽。

3. 慢烤橙汁豬肉：豬梅花 800g，使用 2 份香蒜辣味鹽。

二、風味油

●香蒜油 1 份（約 10 大匙）

[材料]

大蒜……50g ｜ 切末

芥花油……150g

現磨黑胡椒……1 小匙

[作法]

1. 將蒜末、黑胡椒放入一個耐熱容器裡，並準備一個小鍋，倒入芥花油用中小火燒熱。

2. 等到鍋中的油微微地冒煙的時候關火，將熱油倒進容器裡與蒜末、黑胡椒混合均勻。

3. 蒜油冷卻後，即可裝罐並放進冰箱冷藏備用。

[**本書食譜建議醃製份量**]

1. 泡菜雞肉炒飯：雞里肌 150g，使用 1 大匙蒜油。

2. 奶油蒜味雞肉炒飯：去骨腿排 100g，使用 1 大匙蒜油。

3. 咖哩蝦仁炒麵：白蝦 6 尾，使用 1 大匙蒜油。

4. 腐乳高麗菜炒松阪豬：松阪豬 150g，使用 1 大匙蒜油。

5. 咖哩蝦仁滑蛋丼：白蝦 8 尾，使用 1 大匙蒜油。

6. 茄汁海鮮筆管麵：白蝦 6 尾、中卷 100g，各使用 1 大匙蒜油。

●薑蒜油 1 份（約 10 大匙）

[**材料**]

中薑……35g │ 切末並吸乾水分

大蒜……15g │ 切末

芥花油……150g

[作法]

1. 薑末、蒜末放入一個耐熱容器裡，準備一個小鍋，倒入芥花油用中小火燒熱。

2. 等到鍋中的油微微地冒煙時關火，將熱油倒進容器裡與薑末、蒜末混合均勻。

3. 薑蒜油冷卻後，即可裝罐並放進冰箱冷藏備用。

[本書食譜建議醃製份量]

1. 咖哩風味海鮮炒飯：白蝦 6 尾、中卷 100g，各使用 1 大匙薑蒜油。

2. 海鮮炒花椰菜米：白蝦 6 尾、中卷 100g，各使用 1 大匙薑蒜油。

●椒鹽麻油 1 份

[材料]

韓國黑胡椒粉……0.5 小匙

韓國麻油……1 小匙

海鹽……1 小匙

[作法]

1. 在生鮮食材上均勻撒上海鹽、黑胡椒粉，最後均勻抹上麻油即可。

[本書食譜建議醃製份量]

1. 泡菜炒豬肉烏龍：豬五花片 100g，使用 0.5 份椒鹽麻油。

2. 辣味豬肉炒烏龍：豬五花片 100g，使用 0.5 份椒鹽麻油。

3. 苦瓜炒牛肉：牛肉片 150g，使用 0.5 份椒鹽麻油。

4. 椒鹽豬五花沙拉：豬五花條 150g，使用 0.5 份椒鹽麻油。

5. 韓式烤豬五花：豬五花條 600g，使用 3 份椒鹽麻油。

三、香料鹽滷水

●基礎鹽滷水 1 份（1 份可應用的肉類重量為 300g-400g）

［材料］

大蒜……10g

洋蔥……50g │切塊

月桂葉……1 片

黑胡椒粒……1 小匙

水……500g

海鹽……15g

砂糖……15g

新鮮百里香……1 支（如果買不到可省略）

［作法］

1. 準備一個小鍋，放入製作鹽滷水的所有材料（除了洋蔥），開火煮滾後放涼，
   再加入洋蔥。

［**本書食譜建議醃製份量**］

1. 烤香料豬排蘋果三明治：豬梅花排 400g，使用 1 份鹽滷水。（註：雖然本食
   譜中只有一道料理用了基礎鹽滷水，但也可應用在雞胸肉或雞里肌。）

●煙燻紅椒鹽滷水 1 份（1 份可應用的肉類重量為 300g-400g）

［材料］

大蒜……10g

洋蔥……50g │切塊

月桂葉……1 片

黑胡椒……1 小匙

水……500g

海鹽……15g

砂糖……15g

辣椒粉……0.5 小匙

西班牙煙燻紅椒……1 小匙

[作法]

1. 準備一個小鍋，放入製作鹽滷水的所有材料（除了洋蔥），開火煮滾後放涼，
   再加入洋蔥。

[本書食譜建議醃製份量]

1. 番茄風味嫩雞胸炒花椰菜米：雞胸肉 150g，使用 0.5 份鹽滷水。

2. 蒜味嫩雞胸蔬菜筆管麵：雞胸肉 150g，使用 0.5 份鹽滷水。

料理大觀念與小撇步，學會既省時又省力

一、米的處理

　　我認爲，一個便當裡的米飯好吃與否，會決定便當的成敗。米飯不能過於濕黏，也不能乾到噎喉，Q軟適中的口感才是正解，當然這都是我自己的主觀意識，還是要看個人的口味喜好來決定怎麼煮飯。接下來，我會分享如何煮出我心中完美米飯的技巧與注意事項，雖然有點繁雜，但只要有了這樣的觀念，煮出好吃的米飯絕對不成問題。

●洗米

1. 將米放入洗米盆，倒入可以淹過米的自來水，用手快速且輕柔地劃圈攪拌約10秒後，將自來水過濾掉，這個步驟是要去除米表面的異味。

2. 接著倒入淹過米的過濾水，用手快速且輕柔地畫圈搓洗約15秒後，將水濾掉，再重複一次前面的動作，這個步驟大約做2-3次，目的是爲了去除米的雜質。

3. 將洗好的米，放上濾網瀝乾水分，若要用電鍋、土鍋或鑄鐵鍋煮飯，則需要用過濾水浸米。

●煮米

1. 一般常見的煮飯的器具有電鍋、電子飯鍋、鑄鐵鍋、土鍋等，在這裡我會以電鍋以及電子飯鍋的特性來分享。

2. 如果家裡是用電子飯鍋，通常可以省略浸米的步驟，因爲在電子飯鍋的煮飯行程裡就已經有浸米的步驟了。如果是電鍋，我則建議一定要浸米，尤其是

舊米（開封存放超過 3 個月以上）至少要浸泡 30 分鐘，至多 1 小時（冬季），浸泡完再將米放上濾網瀝乾。

3. 最後瀝乾好的米，放入鍋中，倒入過濾水，米、水比例爲 1:1 或 1:1.2，若是浸泡超過 30 分鐘以上的米，米、水比例則是 1:1 卽可，接著按下煮飯鍵。

4. 用一般電鍋煮飯的話，等到煮飯鍵跳起之後，需要燜個 10-15 分鐘再開蓋拌鬆。

二、生鮮的解凍、吐沙

　　肉類和海鮮的解凍退冰方式是很多廚房新手會遇到的問題，因爲不正確的方式，往往會造成肉汁流失過多，甚或是產生腥味，進而導致菜餚成品風味不佳。另外，貝類的吐沙方式也有許多人會搞不太清楚，而我接下來要教的方法不只能用在本書中的蛤蠣（一般文蛤），也可以應用在海瓜子、牛奶貝、馬蹄蛤等貝類，學起來以後就不會吃到滿口都是沙了。

●解凍

1. 肉類解凍：最佳的肉類解凍方式，是在烹調的前一晚，將冷凍肉放置在冰箱冷藏慢慢解凍，絕對不要用泡水或是沖水的方式來解凍，這樣會容易造成肉

汁流失。若是緊急要解凍，最好的方式是將冷凍肉（不拆包裝）放在一個不鏽鋼容器裡，然後用電風扇往冷凍肉吹，這樣是最衛生也最快的方式。

2. 海鮮解凍：海鮮解凍的方式比起肉類會快速許多，像是冷凍蝦、冷凍魚片等，只要放在袋子或是原本的包裝裡，用流水沖到解凍，也就是沒有冷凍狀態那麼硬就可以了。記得千萬不要直接將海鮮泡水或是放在冰箱冷藏解凍，因為用泡的容易讓海鮮的口感沒有那麼好，放在冰箱冷藏解凍也容易產生腥味。

●吐沙

你只要記得一件事，新鮮的貝類在還沒烹調之前，牠們都還是活著的狀態，既然還活著，就要讓牠們能夠在自己熟悉的環境把沙子吐乾淨，所謂熟悉的環境就是海水。所以我們要用自來水混合海鹽創造跟海水鹹度一樣的濃鹽水（比例為：水 1000g ＋海鹽 30g），再將貝類放進濃鹽水裡，放置在陰暗處 1-2 小時，貝類就會盡情地把沙子吐光。吐沙後的貝類，記得還是要用自來水清洗過表面喔！

三、烹調火力的運用

　　火力的大小，是決定菜餚成敗的重要因素，錯誤的火力可能會造成菜餚出水過多、燒焦、食材燉不軟、不入味或口感過柴等等狀況，在這裡我會說明基礎的火力大小觀念，並以本書裡出現的料理為基準，基本上延伸應用到大部分的家常菜已經很夠了。

●微火

　　以一般家用瓦斯爐來說，微火的火焰高度（外圈）大約是 1 公分左右，使用微火的時機，通常都是燉煮料理或是煲湯，讓食材在微滾的湯汁裡慢慢熟軟並且釋放風味，例如本書裡的香料咖哩燉牛肉、酒香燉牛肉都是用到這種火力。雖然用微火的烹調時間會較久，但滋味卻相當柔和宜人，如果說要形容這種料理的個性，大概就是不慍不火了。

●小火

　　以一般家用瓦斯爐來說，小火的火焰高度（外圈）大約是 3 公分左右，使用小火的時機，通常都會用在煮湯、要把食物煎脆或是逼出油脂的步驟，像是本書裡出現的奶油蒜味雞肉炒飯、蜂蜜檸檬雞腿飯、酥脆雞肉親子丼等，都需要用小火煎雞腿，並且是從雞皮那面開始煎，除了可以把表皮煎到金黃酥脆之外，也能逼出不少雞油，拿來炒菜或是運用在同一道料理都很不錯。但切記一點，小火烹調肉類，基本上要用油脂較為多的食材，例如雞腿、雞翅或是豬五花等等。

●中火

　　以一般家用瓦斯爐來說，中火的火焰高度（外圈）大約是 4.5 公分 左右，使用中火的時機，通常都會用在食材需要煨煮入味的步驟，例如這本書裡出現的炒烏龍麵系列、義大利麵系列、味噌肉豆腐、塔香蕃茄肉末飯或燜煮蔬菜配鱸魚等。

中火可以將煎炒過後的食材，在加入少許水或高湯並滾沸之後，讓各種食材風味融合並且吸飽各種精華，也可以讓食材不至於到軟爛的狀態。

●大火

以一般家用瓦斯爐來說，大火的火焰高度（外圈）大約是 5.5- 6 公分左右，使用大火的時機，通常都會在食材需要短時間鎖住精華，如煎海鮮、煎牛排、炒青菜等，或是炒出鍋氣等步驟，像是本書中出現的炒飯系列、煎牛排。我知道很多人會怕用大火的烹調方式，但是越是害怕越容易在上述這些料理上失敗。其實，只要在使用大火時，動作快速並且隨時注意鍋中食材的狀態，基本上是很難會有失誤的。不過，有兩個開大火烹調的重點可以特別注意，這些重點做到，就能避免危害人身安全：第一，如果鍋中是大火熱油的狀態，下鍋前一定得將食材的水分吸乾或擦乾，否則帶太多水分的食材一下鍋，很容易產生油爆；第二，切記不要讓火燄的範圍超出鍋緣，否則火焰進到鍋中跟熱油接觸，就很容易引起鍋中起火的狀態。

四、逆紋和順紋？刀法選擇影響多

大家是否常常聽到說肉要「逆紋切」才會好吃的說法呢？但其實並不是所有的肉類都需要逆紋切，另外也要看選擇的部位以及想要烹調的方式，才能決定用什麼刀法。而且，別以為只有肉類要注意順紋、逆紋，其實部分的蔬菜也需要注意切法，但也是要看烹調方式而定，接下來我會分享這本書出現的肉類以及部分蔬菜的切法。

●肉類逆紋切

逆紋切，從字面上的意思就是逆著紋路切，紋路就是肉類的肌肉紋理，而大部分的筋與部分的油脂都會跟著肌肉紋理生長，所以逆紋切的用意是要切斷筋以及肌肉紋理，讓我們在咀嚼肉類的時候會比較容易，像是牛排肉、豬梅花塊、豬里肌、松阪豬就適合這樣的切法。

●肉類順紋切

與逆紋切相反，順紋切是要順著肉類的肌肉紋理來切，這個切法其實是最適合用在雞胸肉、雞里肌肉上，因為這兩種部位的肌肉纖維較短也較為細緻，所以在順著紋路比較不會破壞形體，若是用逆紋切，在烹調過後這兩種肉可能會碎得一塌糊塗。

●蔬菜逆紋切

其實逆紋切蔬菜跟逆紋切肉有一個共同的重點就是「切斷紋理」，這樣的目的一樣是為了讓咀嚼更容易，例如高麗菜在剖開之後，就得先用逆紋（縱切）的方式，這樣能將較為粗的葉脈切斷。另外，辛香料用逆紋切也能降低辛辣味，像是青蔥逆紋切成蔥花、洋蔥逆紋切半月型。

●蔬菜順紋切

順著紋路切蔬菜的目的，其實多半是為了維持蔬菜形體在烹調之後不容易碎掉或是過於軟爛，像是高麗菜切片、胡蘿蔔切絲或是細條狀。另外在辛香料的部分用順紋切也能讓風味較為明顯，像是青蔥切成蔥絲、洋蔥順紋切絲都是。

五、下油和鹽的時機

下油和下鹽的時機是許多人在烹調時會感到困惑的問題，尤其是下鹽，先後順序、放多放少都是決定料理成敗的重要關鍵，我還記得有一個名廚曾經說過：「我做菜 40 年了，每天都還在學習怎麼下鹽」，可見下鹽的對於烹飪的重要性，但其實只要掌握幾個原則就覺得並不難，也不太會失敗了。

●下油

什麼時候下油其實是取決於料理方式以及食材，以快炒菜來說，大部分的作法都會是先將鍋具充份加熱之後再加入油，等到鍋中的油出現油紋了，代表油已經熱了，這時候就可以把食材放下去煎或炒。但也不是所有的菜都需要這樣做，例如炒菇的料理，我都會習慣用燒熱的乾鍋來煎菇類，等到煎香煎上色之後，再下少許油跟其他辛香料一起拌炒。

●下鹽

烹調時下鹽的時機，其實也是取決於料理方式以及食材，例如炒焦糖洋蔥時，在洋蔥絲剛入鍋跟油稍微翻炒過後，就可以加一點鹽，幫助洋蔥更快脫水，省去更多炒的時間，也能讓洋蔥的甜味更加明顯，這個作法也可以用在許多葉菜類的蔬菜炒法。

而如果今天要做炒麵類的料理（炒烏龍、義大利麵、炒麵等），則是在炒醬汁或湯汁時就要下鹽，在這個階段把鹽下足，除了能夠讓醬汁有味道之外，也能讓麵體在吸收醬汁的同時就有鹹味。

CHAPTER 2

夠用夠吃就好，
多留點空間給自己

廚房裡的一切，都用八分來準備吧！

烹調器具不用多，有效率最重要

　　正在讀這一段的你，如果跟我一樣是個愛做菜的人，應該也有家裡的烹調器具多到滿出來的情況吧？而且時不時就會被新出的烹調器具廣告洗版洗到爆，即便可能是你已經有的品項了，只是品牌、花色、形狀不太一樣，就覺得不買對不起自己，然後在夜半時分腦波最弱之際就手滑下單，結果就是廚房裡的空間逐漸被這些器具鯨吞蠶食。雖然保有理智的時候總會用「不能再買了，再買我就打斷自己的手」之類的話告誡自己，但維持理智哪有這麼容易，改天看到心儀的器具又會功虧一簣，然後就這樣一直循環下去，沒有盡頭。

　　但如果你是烹調新手，在學習烹調的初期，大致都會依照自己真正的需要來添購器具，例如要煮白飯，就會買飯鍋，要炒菜的話就會買炒鍋。我的確非常建議不要一開始就多買，因為這樣反而減少儲存空間（現代人的生活空間已經夠小了），又損害荷包。這樣的「精打細算」不是過於節儉，而是不製造過多浪費，可以把這些預算跟空間，做更適切的安排。

　　其實，我並不是勸誡大家都不要買，而是希望料理者能仔細地想想什麼是自己真正需要的，也就是「夠用就好」這個概念。這個概念也有助於我們在生活中其他區塊的規劃，例如添購傢俱、服飾品等等，透過這個概念試著改變自己的思考模式，在多次的練習之後，會漸漸更清楚什麼是適合自己的，也會漸漸地脫離被多餘的事物給制約、綁架的狀態，反而可以讓自己的心靈空間更加開闊。

　　回歸正題，所謂廚房裡的烹調器具「夠用就好」是很抽象的，每個人的「夠用」標準也很不一樣，所以我必須解釋一下，這邊指的「夠用」，是足以應付本書裡面出現的料理的器具（大約 10 種品項），而且只要你們的廚房有這些器具，要完成這本書裡以外的其他料理也是綽綽有餘。也就是說，我們其實不用把廚房當

成軍火庫，多留點一點空間可以讓自己在烹調時更自在，而且不用保養或是清洗一大堆器具，不是很好嗎？

一、備料用器具

●**廚刀**：基本上有兩把就很夠用了。第一把建議選三德刀，輕巧、刀面大，可切肉、切菜、切海鮮，而且最好選刀面上有凹槽的那種，可避免食材沾黏，有了它切東西不成問題。第二把是小鋸齒刀，基本上它可以用來處理切割大部分的蔬果（除了體積較為巨大的以外），或是拿來切麵包都很適用。

●**砧板**：砧板跟刀一樣，兩塊就夠用了。第一塊是用來切肉、海鮮類的，可以選厚重扎實一點、面積大一點的木砧板，除了較不容易滑動以外，木製砧板也比較不容易滋生細菌。第二塊砧板可以選竹製的，建議用來切比較不容易產生味道的蔬菜以及熟食。

●**削皮刀**：有帶皮的蔬菜都需要靠削皮刀來處理，像是馬鈴薯、胡蘿蔔、地瓜、西洋芹、青花菜、薑等，都需要削皮讓它們的口感不會那麼地粗糙。

●**不鏽鋼調理盆**：洗米、洗菜、裝食材、裝高湯等，都會需要用到它，最好準備 3-5 個，千萬不要嫌太多，當你一次要準備很多東西的時候，就會發現它怎麼會「這麼好用」，而且疊起來也不太占空間。

●**電子秤**：這一直是我的廚房最愛的用品之一，這樣我就可以不用再另外準備量杯跟量匙，而且現在市面上有很多電子秤的功能除了測量公克數以外，還能測量 ml 數、台斤等數值，實在很方便。

二、烹調用器具

●**平底不沾深炒鍋（附帶鍋蓋）**：我覺得不沾鍋絕對是上個世紀最偉大的發明之一，也是現代廚房的一大救星，免養鍋、免熱鍋就能輕鬆烹調，拿來炒飯、炒麵、炒菜、煎肉或快速煮鍋湯都相當合適，廚房裡有一把就很夠用，而且價錢又不貴，大概 2-3 年更換一把也不會心疼。記得，不沾鍋只要不要空燒，也不要拿粗海棉刷洗，就可以保養得很好。

●**燉湯鍋**：廚房基本上一定要有一支燉湯鍋，無論是煮咖哩、燉肉或是煮麵都很好用！燉湯鍋的材質選擇不鏽鋼或是鑄鐵都可以，雖然鑄鐵鍋的蓄熱性跟保溫性比較好，但偏重的特性不可避免，所以要看每個人廚具的使用習慣以及預算。

●**不鏽鋼手把濾網**：濾網其實跟前述的不鏽鋼盆一樣，是很容易被大家忽略卻又非常重要的器具，它可以用來瀝乾洗淨的白米、蔬菜、海鮮等，還能過濾湯汁、撈麵、撈水餃等，廚房裡備個兩支就很夠用了！

●**耐熱鍋鏟**：因爲本書大部分的料理都是用不沾鍋完成，所以用來拌炒的鍋鏟要選擇不會刮傷鍋子塗層的材質，像是木製、竹製、耐熱矽膠都可以，建議準備兩把。一把選圓頭有一點點淺勺的形狀，需要撈出食材的時候很好用。另外一把選有刮刀形狀的，可以把鍋中的醬汁或是易沾黏的食材刮得較爲徹底。

●**耐熱烹飪夾**：跟鍋鏟一樣，要選擇不會刮傷鍋子塗層的材質，大部分的烹飪夾都是以耐熱矽膠爲主，建議盡量選止滑、可收合的那種，也是大約有兩把就可以了。

總是煮太多？抓食材份量的技巧公開

　　身邊平常有在下廚的朋友偶爾會跟我分享他們在烹飪時發生的大小事，也會趁機問我一些他們在廚房遇到的難題，其中「份量該怎麼抓？」這個問題我相信肯定很多人一定有遇過，通常是因為覺得少份量很難煮，但估算錯誤又會導致一個不小心煮太多的情況。我自己在學料理的初期也遇過相同的問題，但這幾年因為做了許多場要餵食眾人的便當活動，這些經驗讓我漸漸地整理、計算出一套概略的份量估算方式，可以讓每個人吃飽卻不會煮過量。不過，我分享的份量計算方式，沒有所謂的絕對或是「每日必需攝取營養素」之類的學理知識做支撐，純粹就是依照經驗得出的數字而已，份量還是可以依照個人喜好跟需求來做增減囉！

一、澱粉類

　　我們先來說說米飯，以白米為主，通常量杯量出來的 1 杯米約 160g-180g 左右，160g 的米大約可以煮出 320g-340g 的白飯，180g 則約可煮出 360g-380g 的白飯。通常一個人一餐吃 180g-200g 的白飯是剛剛好吃飽的份量，如果小鳥胃一點，其實 160g 的白飯量就很剛好。所以 1 杯米約可以煮兩人份白飯。

　　另外在這本書裡面出現的另外一種澱粉則是麵條。以義大利乾麵條為例，一個人一餐大約抓 120g- 130g 左右就是剛剛好飽的份量。至於如果是台式炒麵的生鮮油麵或生鮮拉麵，因為不像義大利麵會膨脹，所以可以份量多抓到約一人 180g-200g 左右！

二、肉類或海鮮

我在做便當的時候，多會以富含蛋白質的肉類或是海鮮作為主食材，通常在一個便當裡吃一片去骨雞腿排的份量對一般人來說是很剛好的，所以其他的肉類、海鮮的份量也可以用一片去骨雞腿排（約 200g-250g）的重量來做為計算衡量的標準。

三、蔬菜

蔬菜的份量其實是所有食材裡面最難抓的，因為它們多半體積不大、烹調過後容易縮水變小。通常我在一個便當裡面會放 2-3 份的蔬菜，1 份蔬菜平均的重量大約 80g-100g 左右，用切過的青花菜來舉例，100g 的青花菜就是 10 小朵左右，其他蔬菜就可以依照這個重量來抓。另外，如果是葉菜類的話，以最常見的高麗菜（中型）舉例，1/4 顆的高麗菜，大約 300g 左右，其實就足以應付一個人一餐 2-3 份的蔬菜量了。

CHAPTER 3

上班族的午食便當

職場生存之戰，先吃了再上！

你是否時常在半夜或休假時看到工作訊息，卻不敢不馬上回覆？你是否時常因畏懼權勢而委曲求全，勉強加班去做不屬於自己份內的工作？你是否時常為了讓別人認同自己，對於客戶、同事的請求總是無法拒絕而且拼盡全力完成？你是否覺得工作就是自己的一切，即使讓工作填滿人生全部的時間也無所謂？

你不需要完美跟永不放棄

還記得剛出社會的時候，我認為只要在工作裡夠拼、夠勤奮甚至是犧牲自己，就能有一定的成就，所以我總是讓自己處於全力衝刺的模式，渴望成為別人眼裡「優秀」的工作者，潛意識也希望同事們「不能沒有我」，自溺在這種狀態裡不可自拔。但這樣的工作拼勁沒有維持得太久，因為就連機器也無法一直運轉，更何況是人。所以我的情緒狀態開始隨著身心的疲憊而低落，變得容易焦慮、憤怒，那段時間我實在不快樂，眉頭總是深鎖，沒來由的嘆氣。

我漸漸發現，原來在職場上一直過度追求「被需要」的狀態，在執行工作時總是期望過程跟結果可以呈現心中完美的樣貌，可能是因為我從小就是一個很怕「丟臉」的人，這跟「活在別人的眼光底下」很類似，其實都是來自於我從小大到的沒自信跟沒勇氣，而且太害怕失去或是被責備，總覺得自己得要維持住好的狀態才能獲得別人的認同，於是常常勉強自己，最後搞得自己遍體鱗傷。

例如準備工作提案或設計食譜的時候，我都會希望提案能夠一次就通過、料理的味道十分精準，所以在過程中只要有一個小細節不對，我就打掉重來或是鑽牛角尖、埋頭苦幹，但有時候根本是一開始選擇的方式就需要改變，或是那些事我根本是做不來的，簡單來說就是「硬欲」（硬要的台語），最後生出一個不甚滿意的成果，同時也讓一起工作的夥伴感到非常痛苦。表面上好像是擇善固執，實際上卻是我不願意去面對和接受自己的不完美或是失敗。

後來，花了很多跟自己相處、檢視自己之後，我開始練習讓自己在工作中別那麼緊繃，也別總是要拚到十分滿。還有最重要的就是，學習放棄。這需要很大的勇氣，因為努力之後達不到期望的放棄，其實也是一種能夠幫助我們往前進的方式，讓自己不再被挫折帶來的痛苦綁架。

八分力的效率，就跟吃八分飽一樣

可能會有人會覺得，工作不是要做到滿分才是負責任的態度嗎？毫不放棄不是才是負責的大人嗎？

容我解釋一下，所謂做八分，其實是指我們需要完成的工作事項，如果只要花八分的力道去解決了，比起拼盡全力用十分的力氣來做，不是輕鬆多了嗎？為了更有餘裕的工作，我們可以重新設計並簡化自己的工作流程、在會議前都先把要討論的事項條列清楚、時常整理自己的工作環境、電腦資料夾或是工具、把隔天需要做的事情先安排、聯絡起來等等，都可以幫助我們處理工作時能夠更有效率。

這跟本書想分享的料理哲學很像，就是只要把前置作業或是烹調作業安排好，再加上用對工具，其實就能在準備便當或是料理的時候，更快速也更有效率。

而工作做八分其實也有另一層意思，就是我們大部分的工作事項，其實能夠做到八分就已經算是很滿了，另外的二分就留給自己或是夥伴有能夠調整、討論的空間，如果我們每次都把事情做到滿分的狀態，但又遇到不如預期的成果，除了容易消磨自己的熱情，也容易感到疲憊，這就跟我們常常聽到的「飯吃八分飽」一樣，給自己留一些空間消化、沈澱，除了有助於身心的健康，也能夠讓我們更期待下一餐或是下一份工作的到來喔！

番茄風味雞肉炒飯

食材（1-2 人份）

香蒜辣味鹽去骨腿排……100g

　│ 參照 p.26 醃製

洋蔥……50g │ 切小丁

新鮮玉米粒……60g

櫛瓜……50g │ 切小丁

大蒜……10g │ 切末

冷白飯……200g

鹽……適量，約 5g

黑胡椒……適量

初榨橄欖油……1 大匙

醬料

番茄醬……50g

伍斯特醋……10g

白酒……10g

作法

1. 把雞腿排（皮面朝下）放入不沾平底炒鍋，接著開中小火煎。

2. 煎到表皮金黃焦脆後，取出雞腿排，切成小塊備用；醬料的材料混合均勻備用。

3. 同一支炒鍋開中火，放入洋蔥丁、玉米粒，並灑上適量的鹽、黑胡椒，利用鍋中剩餘的雞油來炒。

4. 蔬菜都炒上色後，加入橄欖油並放入蒜末拌炒出香氣。

5. 接著放入雞腿肉拌炒，再放入白飯，並用鍋鏟把米飯壓開翻炒均勻。

6. 待米飯都炒開之後，加入醬料炒出香氣並翻炒均勻，最後放入櫛瓜丁拌炒均勻即可。

泡菜雞肉炒飯

食材（1-2 人份）

蒜油雞里肌肉……150g

　│參照 p.27 醃製，切小塊

韓式泡菜……70g

新鮮香菇……60g │切大丁

洋蔥……50g │切小丁

青蔥……15g │切蔥花

大蒜……10g │切末

冷白飯……200g

雞高湯……50g

芥花油……10g

韓國麻油……10g

　│可用一般麻油取代

鹽……1 小撮

黑胡椒……1 小撮

海苔絲／片……適量

醬料

韓國辣醬……15g

醬油……15g

味醂……15g

清酒……15g

魚露……5g

作法

1. 醬料的材料全部混合均勻備用。雞里肌肉表面撒上少許海鹽跟黑胡椒備用。

2. 中大火加熱一支炒鍋，放入芥花油和麻油，油稍微熱了之後，放入雞肉炒至七分熟（大約是都變成白色了）取出備用。

3. 接著把洋蔥丁、蔥花放入鍋中，繼續維持中大火拌炒，洋蔥有點上色之後，放入香菇丁、蒜末一起拌炒均勻並且炒出香氣。

4. 放入泡菜一起炒香，接著放入白飯，並用鍋鏟把米飯壓開翻炒均勻。

5. 放入剛剛炒過的雞肉、雞高湯炒勻並收汁後，加入醬料與所有食材翻炒均勻即可起鍋。

6. 盛盤後撒上少許蔥花以及海苔絲。

奶油蒜味雞肉炒飯

食材（1-2 人份）

蒜油去骨腿排……100g
│ 參照 p.27 醃製
洋蔥……100g │ 切小丁
新鮮玉米粒……60g
冷白飯……200g
大蒜……20g │ 切碎末
青蔥……15g │ 切蔥花
無鹽奶油……10g
梅林辣醬油……15g
│ 可換成烏斯特醋
海鹽……適量
黑胡椒……適量
乾辣椒碎片……1 小撮
│ 怕辣可不加

作法

1. 去骨腿排兩面撒上海鹽、黑胡椒（皮面朝下）放入不沾平底炒鍋，開中小火煎。

2. 煎到表皮金黃焦脆後，取出腿排，切成小塊備用。

3. 中火加熱同一支鍋，放入洋蔥丁、玉米粒，利用鍋中的雞油炒香、上色。

4. 放入蒜末一起炒香，接著放入奶油、撒上 1 小撮鹽、黑胡椒、辣椒碎片繼續炒出香氣。

5. 放入雞腿塊拌炒均勻後，接著放入白飯，並用鍋鏟把米飯壓開翻炒均勻。

6. 米飯都炒開後，沿著鍋緣倒入辣醬油，拌炒均勻。

7. 最後放入蔥花，並撒上少許黑胡椒、海鹽調味拌炒均勻即可起鍋。

黑胡椒野菇牛肉炒飯

食材（1-2 人份）

黑胡椒蒜鹽牛小排……150g

　│ 參照 p.25 醃製，切小塊

鴻禧菇……25g │ 剝散

雪白菇……25g │ 剝散

秀珍菇……25g │ 剝散

新鮮玉米粒……60g

洋蔥……50g │ 切丁

大蒜……15g │ 切末

青蔥……15g │ 切蔥花

冷白飯……200g

芥花油……1 大匙

醬料

A1 醬……1 小匙

梅林辣醬油……1 小匙

醬油……1 小匙

味醂……1 小匙

作法

1. 中火加熱不沾平底炒鍋，鍋熱之後放入油，油熱之後放入牛肉塊，煎到表皮金黃焦脆後取出備用；醬料的材料全部混合均勻備用。

2. 中火加熱同一支鍋，放入洋蔥丁、玉米粒，利用鍋中的油炒香、上色。

3. 接著放入三種菇類、蒜末一起炒香炒上色後，放入白飯，並用鍋鏟把米飯壓開翻炒均勻。

4. 米飯都炒開後，沿著鍋緣倒入醬料調味，並加入煎好的牛肉塊拌炒均勻。

5. 最後放入蔥花，並撒上少許黑胡椒、海鹽調味拌炒均勻即可起鍋。

泰式打拋雞飯

食材（1-2 人份）

雞腿絞肉……300g

大辣椒……20g

小辣椒……5g

紅蔥頭……40g

大蒜……20g

打拋醬……25g

醬油……15g

魚露……10g

蠔油……10g

芥花油……15g

白飯……適量

蔬菜……適量

  │隨個人喜好準備擺放

作法

1. 大辣椒、小辣椒、紅蔥頭、大蒜，用食物調理機打或切成碎末備用。

2. 將芥花油放入炒鍋中，開中大火，油熱後放入上述打碎的辛香料拌炒。

3. 接著放入打拋醬，跟辛香料一起把香氣炒出來。

4. 鍋中的辛香料炒香後，放入雞腿絞肉一起炒。

5. 雞腿絞肉炒熟了之後，放入魚露和蠔油一起炒。

6. 接著再放入醬油一起拌炒均勻，炒到收汁即可起鍋，和白飯、蔬菜一起盛盤享用。

咖哩風味海鮮炒飯

食材（1-2 人份）

薑蒜油白蝦……6 尾

　│ 參照 p.28 醃製

薑蒜油中卷……100g

　│ 參照 p.28 醃製，切小塊

洋蔥……50g │ 切小丁

青蔥……15g │ 切蔥花

大蒜……10g │ 切碎末

青花菜……60g │ 切小朵

冷白飯……200g

咖哩粉……2 小匙

香油……　15g

米酒……40g

醬油……1 小匙

黑胡椒……少許

海鹽……1 小匙

芥花油……20g

作法

1. 咖哩粉與香油混合均勻備用。中火加熱一支炒鍋，放入一半的芥花油，油熱後放入洋蔥丁炒香。

2. 洋蔥稍微上色後，放入所有蝦和中卷炒香。鍋中的蝦子變色之後，放入米酒一起拌炒。

3. 等酒氣揮發之後，將鍋中的料取出過濾，剩餘的湯汁倒出備用。

4. 中大火加熱同一支鍋子，倒入另一半的油，油熱後放入蔥花、蒜末、青花菜炒香。

5. 接著放入白飯，用鍋鏟將白飯壓開，並放入剛剛炒海鮮的湯汁一同拌炒。

6. 接著沿著鍋邊倒入醬油、咖哩香油一起翻炒。所有的飯粒都沾上醬色後，放入海鮮繼續翻炒。

7. 鍋中的材料都炒鬆了之後，最後用少許鹽、黑胡椒調味即可。

鹽味蔬菜豬肉炒飯

食材（1-2 人份）

花椒胡椒鹽漬豬五花……150g

　│ 參照 p.24 醃製，切小丁

洋蔥……50g │ 切小丁

紅椒……30g │ 切小丁

黃椒……30g │ 切小丁

高麗菜……50g │ 切小塊

大蒜……15g │ 切細末

青蔥……10g │ 切蔥花

冷白飯……200g

海鹽……少許

黑胡椒……少許

芥花油……1 大匙

作法

1. 中火加熱不沾平底炒鍋，鍋熱之後放入油，油熱之後放入豬五花丁，煎到表皮金黃焦脆後取出備用。

2. 中火加熱同一支鍋，放入洋蔥丁、紅黃椒丁，利用鍋中的油炒香、上色。

3. 接著放入蒜末一起炒香炒上色後，放入白飯，並用鍋鏟把米飯壓開翻炒均勻。

4. 米飯都炒開後，加入高麗菜塊、煎好的豬五花丁翻炒均勻。

5. 高麗菜炒軟之後，加入黑胡椒、海鹽調味，最後加入蔥花再拌炒均勻即可起鍋。

鹽蔥醬牛排與大蒜奶油飯

食材（1-2 人份）

黑胡椒蒜鹽牛小排……200g

　│參照 p.25 醃製

芥花油……15g

大蒜奶油飯

大蒜……30g │切末

無鹽奶油……10g

初榨橄欖油……5g

醬油……10g

黑胡椒……1 小撮

白飯……200g

鹽蔥醬

青蔥……25g │切花

洋蔥……25g │切細末

芥花油……20g

香油……10g

海鹽……2 小撮

白胡椒粉……1 小撮

作法

1. 將退冰好的黑胡椒蒜鹽牛小排放在室溫約 30 分鐘。

2. 製作大蒜奶油飯。將橄欖油、奶油、蒜末放入平底鍋中，並開小火慢慢將蒜末煏成金黃色，再將油瀝掉，把蒜末、醬油、黑胡椒與白飯混合備用。

3. 製作鹽蔥醬。將蔥花、洋蔥丁放進耐熱的碗裡，接著把芥花油與香油倒入平底鍋中，開中小火加熱，油熱到稍微冒一點煙後，就倒進碗裡與青蔥、洋蔥丁混合，接著放入海鹽與白胡椒粉混合均勻即可

4. 將牛排表面的水分擦乾，大火加熱一支平底鍋並放入芥花油，油熱後放入牛排，一面煎約 1 分半，煎至四面焦脆後即可關火取出牛排。

5. 煎好的牛排靜置 15 分鐘再逆紋切片，與大蒜奶油飯一起盛盤，在牛排鋪上鹽蔥醬即可。

蔥油雞飯

食材（1-2 人份）

花椒胡椒鹽去骨腿排……200g
　　｜參照 p.24 醃製

青蔥……10g｜切段

嫩薑……10g｜切片

紹興酒……10g

雞高湯……160g

白米……180g｜洗淨瀝乾

蔬菜……適量
　　｜隨個人喜好準備擺放

蔥油醬

青蔥……30g｜切蔥花

嫩薑……20g｜切末

海鹽……2 小撮

白胡椒粉……1 小撮

香麻油……10g

芥花油……20g

作法

1. 將雞腿排放進一個深盤，紹興酒抹在雞腿排上，把蔥段、薑片墊在下方，醃製 1 小時。

2. 製作蔥油醬。將蔥花、薑末、海鹽、白胡椒粉放入一個耐熱的碗中拌勻。用小鍋加熱芥花油與麻油，油熱後倒入碗中，用湯匙略拌勻即可。

3. 準備一個蒸籠滾水鍋，將醃好的雞腿放進蒸籠（連同深盤），以中大火蒸 25 分鐘。

4. 將蒸完雞肉的雞汁與雞高湯混合，倒入放了白米的飯鍋中煮熟。

5. 蒸好的雞肉切長條狀，搭配煮好的雞汁飯，最後在雞肉上淋上蔥油醬、擺上蔬菜即可享用。

[電鍋版本] 若沒有蒸籠，可在電鍋外鍋放 1.5 杯水，按下開關，水滾後，腿排一樣蒸約 25 分鐘。蒸完雞肉的雞汁再與雞高湯混合，倒入裝好白米的飯鍋，放進電鍋中，外鍋加 1 杯水，按下開關等到跳起之後，燜 15-20 分鐘即可。

蜂蜜檸檬雞腿排飯

食材（1-2 人份）

黑胡椒蒜鹽去骨腿排……400g

　｜參照 p.25 醃製

大蒜……10g ｜切末

大辣椒……10g ｜切末

青蔥……10g ｜切蔥花

米酒……15g

醬油……5g

檸檬水……120g

　｜檸檬汁 40g + 生飲水 80g

檸檬片……30g

蜂蜜……60g

芥花油……1 小匙

白飯……適量

蔬菜……適量

　｜隨個人喜好準備擺放

作法

1. 中火加熱一支平底炒鍋並放入油，油熱後放入雞腿排（皮面朝下）煎至兩面金黃熟透後，濾掉鍋中的油。

2. 接著放入蒜末與辣椒末，稍微拌炒至香氣出來。

3. 辛香料香氣出來後，倒入米酒、醬油。

4. 酒氣揮發後，倒入檸檬水，鍋中湯汁煮滾後轉中小火。

5. 待鍋中湯汁濃縮至原本份量的 1/3 後，放入蜂蜜與檸檬片。

6. 鍋中的醬汁呈現濃稠狀後即可關火。

7. 將雞腿切塊搭配白飯、蔬菜盛盤，醬汁淋在雞腿上，刨上一點檸檬皮屑，撒上蔥花即可。

豆芽炒牛肉飯

食材（1-2 人份）

牛肉片……150g

綠豆芽……100

洋蔥……50 ｜切絲

大蒜……15g ｜切片

青蔥……10g ｜切斜段

辣椒……10g ｜切斜段

沙茶醬……1 小匙

海鹽……0.5 小匙

芥花油……2 大匙

白飯……適量

醬料

沙茶醬……2 小匙

辣豆瓣醬……1 小匙

蠔油……1 小匙

米酒……1 小匙

醬油……1 小匙

味醂……1 小匙

生飲水……50g

作法

1. 牛肉片用沙茶醬跟海鹽抓醃備用；醬料部分的所有材料混合均勻備用。

2. 加熱一支不沾平底炒鍋，鍋熱後放入油，油熱之後放入綠豆芽、洋蔥，並灑上 1 小撮海鹽，翻炒均勻。

3. 洋蔥炒至稍微上色後，放入蒜片、蔥段、辣椒拌炒並炒香炒上色。

4. 辛香料炒香後，放入牛肉片拌炒均勻。

5. 牛肉片炒到半熟之後，放入醬料並繼續翻炒至收汁即可起鍋與白飯一起盛盤。

豉汁蒸雞飯

食材（1-2 人份）

去骨腿排……200g

　│退冰後擦乾，切成約 4 公分小塊

乾豆豉……20g

青蔥……15g │切蔥花

大蒜……10g │切末

辣椒……10g │去籽切末

嫩薑……10g │切末

芥花油……15g

白飯……適量

蔬菜……適量

　│隨個人喜好準備擺放

醬料

醬油……10g

米酒……15g

蠔油……10g

二砂……5g

太白粉……5g

作法

1. 乾豆豉用溫水泡 10 分鐘後，將水瀝掉，壓扁備用。

2. 將醬料的所有材混合均勻備用。

3. 預熱一支炒鍋，下油，油熱後放入蔥花、蒜末、辣椒末、薑末拌炒均勻。

4. 辛香料炒出香氣後放入豆豉炒香，起鍋備用。

5. 將雞腿肉與醬料、炒好的香料豆豉拌均勻，冷藏醃漬 1-2 小時（勿超過 12 小時）。

6. 準備一個蒸籠滾水鍋，將醃好的雞肉放進一個深盤，再放進蒸籠，蓋上鍋蓋，以中大火蒸約 25-30 分鐘即可搭配白飯、蔬菜盛盤。

[電鍋版本] 若沒有蒸籠，也可於電鍋放 1.5 杯水，按下開關，水滾後放入醃好的雞肉（裝深盤），蒸約 25-30 分鐘即可。

乾燒蝦仁飯

食材（1-2 人份）

白蝦……200g
　　│ 約 8 尾，去殼開背去腸泥
大蒜……10g │ 切末
薑……10g │ 切末
辣豆瓣醬……15g
番茄醬……45g
雞高湯……100g
酒釀……20g
海鹽……0.5 小匙
蔥白……1 支 │ 切末
芥花油……1 大匙
白飯……適量
蔬菜……適量
　　│ 隨個人喜好準備擺放

作法

1. 把鹽平均灑在蝦仁的兩面，醃製 5 分鐘備用。

2. 中火加熱一支平底鍋中並放入油，油熱後放入蝦仁煎到兩面上色後取出。

3. 把蒜末、薑末放進鍋中，開中小火，用剛剛煎蝦的油炒香。

4. 辛香料炒香之後，放入辣豆瓣醬、番茄醬炒香。

5. 接著放入雞高湯、酒釀，滾沸後轉小火燒煮醬汁。

6. 鍋中醬汁逐漸濃稠之後，放入蝦仁、蔥白末拌炒熟後即可起鍋，搭配白飯和蔬菜盛盤。

味噌肉豆腐丼

食材（1-2 人份）

牛肉片……150g

板豆腐……150g

　│切 5 公分塊狀，用重物將水分壓乾

青蔥……10g │切細末

大蒜……10g │磨泥或切細末

薑……10g │磨泥或切細末

柴魚高湯……300g

海鹽……1 小撮

芥花油……15g

白飯……適量

蔥花……適量

醬料

赤味噌……15g

醬油……5g

味醂……5g

清酒……5g

作法

1. 醬料的所有材料混合均勻備用。

2. 中火加熱一支平底鍋並放入油，油熱後放入板豆腐塊，表面撒上鹽煎至兩面金黃取出備用。

3. 放入蔥末、蒜泥、薑泥炒香，接著放入牛肉片，等一面上色後再翻面拌炒均勻。

4. 倒入一半醬料至鍋中與牛肉拌炒均勻。

5. 將柴魚高湯倒入鍋中，並放入煎好的板豆腐一同煨煮，煮至湯汁濃稠時倒入另一半醬料，拌勻即可起鍋和白飯一起盛盤，並撒上蔥花裝飾。

塔香番茄雞肉末飯

食材（1-2 人份）

雞腿絞肉……150g

洋蔥……50g｜切大丁

聖女番茄……100g｜對半切

大蒜……20g｜拍扁去皮

乾辣椒碎片……1 小匙

九層塔葉……10g

海鹽……適量

黑胡椒……適量

生飲水……50g

初榨橄欖油……1.5 大匙

白飯……適量

作法

1. 把大蒜放入不沾平底炒鍋裡，再放入橄欖油，開小火將大蒜煎到金黃後取出備用。

2. 接著用中火加熱同一支炒鍋，油熱之後放入雞腿絞肉並用鍋鏟鋪平，撒上少許海鹽、黑胡椒，翻炒至雞腿絞肉熟透後取出備用。

3. 繼續開中火加熱炒鍋，鍋熱後放入洋蔥丁，洋蔥丁炒軟稍微上色之後，放入番茄。

4. 番茄稍微軟了之後，用鍋鏟輕壓番茄至出汁，接著加入炒好的雞腿絞肉、煎好的大蒜、乾辣椒碎片翻炒均勻。

5. 接著加入生飲水並混合均勻，鍋中湯汁逐漸濃稠後，用海鹽、黑胡椒稍微調味一下，放入九層塔並關火，將所有材料拌均勻即可和白飯一起盛盤。

CHAPTER 4

自家的小酌飯桌

替努力的自己乾一杯吧！

下班後的你，是如何安排自己的時間？或許是躺在沙發上耍廢滑手機，或許是叫外送晚餐搭配影集，或許是跟朋友約出去大吃一頓慰勞自己，但我相信有不少人會把沒有做完的工作帶回家繼續打拼，直到睡前頭腦依舊塞滿工作的事而無法安心睡一個好覺，如果這樣的狀態是長期的，等到你發現自己不能繼續這樣下去的時候，你的身心靈可能早已殘破不堪了。

其實，對我來說，在八分滿的工作之餘，下班後剩下的兩分生活最重要的是找到療癒、整理好自己的方式，才能擁有更多精神與能量面對明天甚至是未來。

幸福感是可以培養的

「放空」是許多人下班後的第一個念頭，但純粹的放空很難，我認爲要做到的第一個前提是得確實達成今日的該完成或是能力所及的工作目標，否則心中還是會有牽掛或是擔憂。第二個就是「下班了誰也別想找我」的強烈意念，也就是開啓所謂「飛航模式」，將可能會讓你聯想到工作或是讓工作找上你的因素統統擋掉。

那如果無法放空的話該怎麼辦？我覺得培養幾個盡可能是跟工作搭不太上關係的興趣來轉移注意力是很棒的方式，例如運動、烹飪、泡茶沖咖啡、種植盆栽、學習語言等，這些事情通常不是在短時間就可以獲得成就感的，你得需要花不少時間練習，也需要專注的態度。當你全然地沈浸在裡面，或許就能從工作帶來的負面情緒與壓力裡轉念。以我來說，工作被烹飪佔去大部分之後，我反而開始喜歡在下班之餘研究手沖咖啡，無論是選豆磨豆、和咖啡師朋友請益交流、每日練習沖煮技巧等，都讓我找到另一個快樂的所在。

若是眞的不想在下班後還要培養讓自己「勞動」的興趣，那就轉換一下自己的人設吧！我說的轉換人設，不是要變成什麼超級英雄或是叫出心中的陰暗面變成什麼恐怖份子，而是希望大家在下班之後，把在工作中帶的面具或是身份拿掉，回到家之後你就是不被工作制約的人了。你可以多花點時間陪陪家人、愛人，

跟他們好好坐下來吃頓晚餐，聊聊與工作無關的事，吃完飯後一起收拾杯碗瓢盆或共同分擔家事，如果天氣好還可以出門散散步，我相信這些小事都能為生活帶來更多的幸福感，也能讓自己的心好好休息。

另外，其實我覺得「斷捨離」是一種很好的放鬆方式呢，畢竟丟東西是一件蠻爽的事，至少對我來說是這樣啦！但斷捨離其實重點不在於「丟」，而是「留」，留下真正對自己重要的東西，像是生活中必須用到且狀態還很良好的物品，完全不用考慮就可以留下來。而當這個物品讓自己有一點猶豫，就代表是可以被捨去的，而且最好從那些消耗型的物品開始下手。至於連結較多回憶的物品，需要花點時間決定它們的去留，當它們已和你現在的生活沒有太多關聯，其實就可以選擇讓它們進入垃圾袋或回收箱，跟過去一部份的人生或是那些珍貴時刻告別，就像告別一直停留在過去而無法踏出前進步伐的自己。透過練習斷捨離並且活在當下，其實你會發現自己越來越能接受失去這件事，心也會越來越強大。

敬那個努力工作的自己一杯

最後，我認為食物是這個世界上最療癒的一種事物，尤其在下班後，如果能吃到溫暖又美味的料理，疲憊的身心靈通常能獲得修復。除了在回家的路上去自己喜歡的小攤吃上一碗麵、切一盤喜歡的滷味小菜，或外帶餐點，也可以試著在家烹飪，為自己或是家人做晚餐，不僅療癒，味道還可以針對自己的喜好來調整。

但下班回家後要做菜，還是有一點辛苦，所以「快速」、「不費工」是最高準則，這本書前面兩章節就是在跟大家分享如何在休假日就把前置備料工作做好，這樣回家只要把食材從冰箱裡拿出來就可以烹調了。不管是料理一鍋到底的快炒菜，或是用烤箱、氣炸鍋就可以做的小點，下班後的料理最好是半小時左右就可以完成，口味重一點也無妨，因為你可以為自己倒上一杯喜歡的酒，一口酒一口菜，敬那個很辛苦的自己一杯吧。

泡菜豬肉炒烏龍

食材（1-2 人份）

椒鹽麻油豬五花片……100g

　│ 參照 p.29 醃製

韓式泡菜……100g

冷凍烏龍麵……200g

洋蔥……50g │ 順紋切絲

大蒜……10g │ 切厚片

青蔥……1 支 │ 切斜段

雞高湯……150g

芥花油……1 大匙

韓國麻油……1 大匙

醬料

醬油……0.5 大匙

魚露……1 小匙

清酒……1 大匙

作法

1. 醬料的材料全部混合均勻備用。

2. 中火加熱一支不沾平底炒鍋，鍋熱後放入芥花油，油熱後放入豬五花片煎上色。

3. 豬五花片煎上色後，將洋蔥絲、蒜片一起放入鍋中拌炒均勻並炒香、炒上色。

4. 加入一半的韓式泡菜，拌勻並拌炒出香氣，接著加入醬料拌炒均勻。

5. 醬料炒出香氣後，加入雞高湯並將湯汁煮滾，煮滾之後放入冷凍烏龍麵，蓋上鍋蓋。

6. 等待大約 3 分鐘後打開鍋蓋，將已經軟了的烏龍麵與其他食材、湯汁拌炒均勻。

7. 放入剩下的泡菜拌勻並開大火收汁，醬汁快收乾時關火，放入蔥段、麻油拌勻即可盛盤。

辣炒蛤蠣烏龍

食材（1-2 人份）

蛤蠣……150g ｜約 12-15 顆

洋蔥……50g ｜順紋切粗絲

大蒜……20g ｜切厚片

青蔥……10g ｜切斜段

大辣椒……20g ｜切斜段

清酒……50g

雞高湯……50g

生飲水……100g

冷凍烏龍麵……180g

九層塔葉……5-10g

海鹽……適量

芥花油……1.5 大匙

作法

1. 中火加熱一支不沾平底炒鍋，鍋熱後放入芥花油，油熱後放入洋蔥絲、蒜片、一半的蔥段、一半的辣椒段，炒上色炒香。

2. 辛香料炒香之後放入蛤蠣略炒一下，轉小火倒入清酒，蓋上鍋蓋轉中火至蛤蠣殼開。

3. 將殼開的蛤蠣取出，加入雞高湯、生飲水並將湯汁煮滾，煮滾之後放入冷凍烏龍麵並蓋上鍋蓋。

4. 等待約 3 分鐘後打開鍋蓋，加入蛤蠣、剩餘的辣椒段、蔥段、少許鹽，並轉中大火拌炒均勻。

5. 待鍋中湯汁收濃後，放入九層塔葉拌炒均勻即可盛盤。

辣炒豬肉烏龍

食材（1-2 人份）

椒鹽麻油豬五花片……100g

　│參照 p.29 醃製

冷凍烏龍麵……200g

高麗菜……50g │切小塊

洋蔥……50g │順紋切絲

胡蘿蔔……20g │切粗絲

秀珍菇……30g │剝散

大蒜……30g │切厚片

乾辣椒碎片……0.5 小匙

青蔥……10g │切斜段

海鹽……適量

雞高湯……100g

生飲水……100g

辣油……0.5 大匙

芥花油……1 大匙

作法

1. 中火加熱一支不沾平底炒鍋，鍋熱後放入芥花油，油熱後放入豬五花片煎上色後取出備用。

2. 中大火加熱炒鍋，油熱後將高麗菜、洋蔥絲、胡蘿蔔絲、秀珍菇、蒜片放入鍋中，並撒上 1 小撮海鹽與乾辣椒碎片，將蔬菜都炒軟。

3. 蔬菜炒出香氣並上色後，加入雞高湯、生飲水並將湯汁煮滾，煮滾之後放入冷凍烏龍麵並蓋上鍋蓋。

4. 等待大約 3 分鐘後打開鍋蓋，將已經軟了的烏龍麵與其他食材、湯汁拌炒均勻。

5. 放入豬五花片拌勻並開大火收汁，醬汁快要收乾時關火，放入蔥段、辣油拌勻即可盛盤。

鹽味豬肉炒麵

食材（1-2 人份）

花椒胡椒鹽漬豬五花……150g

　　│參照 p.24 醃製，切成小塊

日式生拉麵……150g

新鮮玉米粒……60g

洋蔥……50g│順紋切絲

大蒜……10g│切片

大辣椒……1 支│切斜段

青蔥……1 支│切蔥花

雞高湯……200g

海鹽……適量

芥花油……1 大匙

作法

1. 將生拉麵燙至七分熟後沖水洗去表面黏液，再瀝乾備用。

2. 中火加熱一支不沾平底炒鍋，鍋熱後放入油，油熱後放入豬五花塊，煎上色後取出備用。

3. 繼續用中大火加熱炒鍋，放入玉米粒、洋蔥絲，並灑上 1 小撮鹽炒上色。

4. 蔬菜炒軟了之後放入蒜片、辣椒段炒香炒上色，炒香後倒入雞高湯煮沸，接著放入燙過的拉麵拌炒均勻。

5. 鍋中湯汁煮到剩一半的時候，加入豬五花拌炒均勻，湯汁快收乾時關火，放入少許鹽、蔥花拌炒均勻即可盛盤。

咖哩蝦仁炒麵

食材（1-2 人份）

香蒜油白蝦……6 尾
　　│參照 p.27 醃製
日式生拉麵……150g
洋蔥……50g │順紋切絲
胡蘿蔔……20g │切粗絲
高麗菜……50g │切小塊
大蒜……10g │切片
青蔥……1 支│切斜段
雞高湯……250g
咖哩粉……1.5 大匙
韓國麻油……2 大匙
海鹽……適量
芥花油……1 大匙

作法

1. 將生拉麵燙至七分熟後，沖水洗去表面黏液，瀝乾備用。咖哩粉與麻油混合均勻備用。

2. 中火加熱一支不沾平底炒鍋，鍋熱後放入油，油熱後放入白蝦，並在白蝦上撒上少許海鹽，煎至上色後取出備用。

3. 繼續用中大火加熱炒鍋，放入洋蔥絲、胡蘿蔔絲、高麗菜，並灑上 1 小撮鹽炒上色。

4. 蔬菜炒軟之後，放入蒜片炒香，炒香後倒入雞高湯煮沸，接著放入燙熟的拉麵拌炒均勻。

5. 炒到鍋中湯汁剩一半的時候，加入咖哩麻油、白蝦拌炒均勻，湯汁快收乾時關火，放入蔥段炒勻即可盛盤。

苦瓜炒牛肉

食材（1-2 人份）

白苦瓜……150g ｜約半條

椒鹽麻油牛肉片……150g

　　｜參照 p.29 醃製

大蒜……10g ｜切片

蔥……10g ｜切斜段

辣椒……10g ｜切斜段

海鹽……適量

芥花油……15g

醬料

韓國大醬……15g

醬油……15g

蠔油……10g

香油……5g

白胡椒粉……1 小撮

米酒……15g

砂糖……5g

生飲水……100g

作法

1. 將苦瓜白囊刮乾淨之後，切斜厚片備用。醬料所有材料混合均勻備用。

2. 加熱一鍋水並放入 1 小撮鹽、1 小匙油，水滾後放入苦瓜片汆燙 30 秒起鍋，放進冰水中降溫，降溫後將苦瓜片瀝乾。

3. 中火加熱一支平底炒鍋並放入芥花油，油熱後放入牛肉片炒至上色後取出備用。

4. 重新開中火，同一支鍋子再加少許油，油熱後放入蒜片、一半的蔥段、辣椒段爆香。

5. 辛香料呈現有點金黃色的時候，放入牛肉片、苦瓜片拌炒均勻。

6. 接著倒入醬料與所有材料都拌炒均勻，燒煮約 1 分鐘讓苦瓜入味，最後放入剩下的蔥段，鍋中湯汁收濃即可起鍋盛盤。

燒烤牛小排飯

食材（1-2 人份）

牛小排……200g

　　│冷凍肉須前一晚放置冷藏退冰

洋蔥……50g│順紋切絲

鴻禧菇……50g│剝散

青蔥……10g│切蔥花

白飯……200g

生蛋黃……1 顆

鹽……1 小匙

芥花油……少許

醬汁

醬油……40g

味醂……20g

清酒……75g

冰糖……10g

柴魚昆布高湯……100g

作法

1. 用廚房紙巾擦拭牛小排的血水，並放在室溫下回溫 20 分鐘。

2. 將醬汁的所有材料放進一支手鍋中，開小火煮滾，並將醬汁煮到剩下原本量的 30% 即可關火。

3. 牛小排四面平均灑上少許鹽備用。

4. 中大火加熱一支煎鍋並放入油，油熱後放入牛小排，每面煎約 2 分鐘，煎到表面金黃焦脆即可起鍋備用。

5. 中小加熱煎鍋，鍋熱後放入洋蔥、鴻禧菇炒至上色後，加入 1 大匙醬汁拌炒均勻後起鍋備用。

6. 將牛小排四面刷上醬汁，再用噴槍燒至表面上色。刷醬汁以及噴槍燒烤這個動作重複三次即可。

7. 牛小排逆紋斜切成薄片。

8. 依序將炒好的蔬菜料、牛肉片鋪在白飯上，放上蛋黃以及蔥花即可享用。

三杯中卷

食材（1-2 人份）

中卷……200g ｜ 1尾，洗淨去內臟

大蒜……50g ｜ 去皮

薑……30g ｜ 切厚片

辣椒……15g ｜ 切斜段

冰糖……0.5 大匙

九層塔……1 大把

黑麻油……1 大匙

芥花油……2 大匙

醬料

醬油……1 大匙

醬油膏……1 大匙

米酒……1 大匙

白胡椒粉……0.5 小匙

作法

1. 將中卷擦乾，身體較長的地方切圓圈狀，其餘部分切塊備用。醬料所有材料混合均勻備用。

2. 中大火加熱一支不沾平底炒鍋，鍋熱之後放入 1 大匙芥花油，油熱後放入中卷煎香。

3. 中卷煎到上色後取出備用。接著再把黑麻油、另 1 大匙芥花油放入鍋中，以中火加熱。

4. 油熱之後放入大蒜、薑片、辣椒慢慢煸呈現金黃色，接著放入冰糖炒至融解。

5. 冰糖溶解後，放入煎過的中卷拌炒，接著再放入醬料拌炒均勻。

6. 鍋中醬汁快收乾時關火，放入九層塔拌均勻即可盛盤。

醬燒起司牛肉

食材（1-2 人份）

牛肉片⋯⋯150g｜切成適口大小

洋蔥⋯⋯50g｜順紋切絲

青蔥⋯⋯10g｜切蔥花

柴魚高湯⋯⋯100g

披薩起司⋯⋯60g

芥花油⋯⋯1 小匙

白飯⋯⋯200g

醃料

大蒜⋯⋯15g｜磨泥

蜂蜜⋯⋯1 小匙

黑胡椒⋯⋯1 小撮

醬料

清酒⋯⋯2 大匙

味醂⋯⋯1 大匙

醬油⋯⋯1 大匙

作法

1. 牛肉片加入全部醃料醃 20 分鐘備用。醬料所有材料混合均勻備用。

2. 中火加熱一支不沾平底炒鍋，鍋熱後加入油，油熱後放入洋蔥絲炒軟、炒上色。

3. 洋蔥絲炒上色後放入牛肉片炒至上色，接著放入醬料拌炒均勻。

4. 醬料炒出香氣之後加入柴魚高湯，湯汁煮到滾沸後轉中小火。

5. 鍋中湯汁煮到快要收乾時關火，在中間放入起司並蓋上鍋蓋等待約 2 分鐘。

6. 打開鍋蓋，趁起司快融化的時候，將起司牛肉與些微的醬汁盛盤，並灑上蔥花，即可搭配白飯一起享用。

腐乳高麗菜炒松阪豬

食材（1-2 人份）

蒜油松阪豬……150g

　│參照 p.27 醃製

高麗菜……100g │切塊

薑……10g │切末

大蒜……10g │切末

大辣椒……10g │切斜片

白飯……200g

黑麻油……10g

芥花油……10g

醬料

醬油……5g

沙茶醬……10g

白胡椒粉……1 小撮

辣豆腐乳……30g

辣豆瓣醬……10g

米酒……15g

香油……5g

作法

1. 醬料所有材料混合均勻備用。

2. 中大火預熱平底炒鍋並放入芥花油，油熱後放入松阪豬，煎至兩面呈現微微金黃色之後起鍋，逆紋切片備用。

3. 把薑末、蒜末、辣椒片放入鍋中，用中火炒出香氣後，放入高麗菜拌炒均勻。

4. 高麗菜熟軟之後，放入松阪豬肉、黑麻油、醬料拌炒均勻，蓋上鍋蓋燜 1 分鐘後，再次拌炒均勻即可盛盤，搭配白飯一起享用。

酥脆雞肉親子丼

食材（1-2 人份）

去骨腿排……200g

洋蔥……50g │順紋切絲

蔥白……10g │切斜片

蔥綠……10g │切細絲，泡冰水

雞蛋……100g │約 2 顆，打散

白飯……200g

七味粉……適量

鹽……1 小匙

醬汁

柴魚高湯……50g

雞湯……50g │若沒有可全用柴魚高湯

醬油……30g

味醂……30g

清酒……20g

作法

1. 雞腿兩面撒上鹽，醃 10 分鐘備用。醬汁所有材料混合均勻備用。

2. 以中小火加熱一支平底煎鍋，鍋熱後放入雞腿（皮面朝下），雞皮那面煎到金黃酥脆後，翻過來將肉煎到稍微上色半熟再取出，平均切成約 12 塊備用。

3. 將洋蔥、蔥白放進同一支鍋子，開中小火炒香。

4. 接著倒入醬汁，煮滾後放入一半的雞肉（皮面朝上），轉中小火煮約 3 分鐘，接著倒入一半的蛋液。

5. 鍋中的蛋液都熟透之後，放入另一半的雞肉（皮面朝上），接著倒入另一半的蛋液，關火。

6. 將完成的蛋汁雞肉放入裝好飯的碗中，撒上蔥綠絲、七味粉即可享用。

咖哩蝦仁滑蛋丼

食材（1-2 人份）

蒜油白蝦……8 尾

　│ 參照 p.27 醃製

雞蛋……3 顆│打散

洋蔥……25g │順紋切絲

青蔥……10g │切蔥花

雞高湯……30g

咖哩粉……1 小匙

海鹽……適量

黑胡椒……適量

白飯……200g

芥花油……1.5 大匙

作法

1. 白蝦兩面撒上少許海鹽、黑胡椒備用。打散的蛋液與雞高湯、咖哩粉混合均勻，並加入少許海鹽、黑胡椒調味。

2. 中火加熱一支不沾平底炒鍋，鍋熱後放入油，油熱後放入白蝦煎熟上色後取出備用。

3. 接著放入洋蔥絲炒軟並炒上色，同時將煎好的白蝦放入調味好的蛋液中。

4. 洋蔥都炒上色後，倒入加了蝦仁的蛋液，等到鍋邊蛋液有點凝固的時候，將火關掉，用鍋鏟畫圈並利用鍋子的餘溫將蛋液拌至九分熟。

5. 將咖哩蝦仁滑蛋鋪在白飯上，並撒上蔥花卽可。

味噌玉米沙拉配酥脆雞肉

食材（1-2 人份）

去骨腿排……200g

新鮮玉米粒……120g

日式美乃滋……60g

信州味噌……10g

味醂……10g

紫洋蔥……30g｜切細丁

海鹽……適量

黑胡椒……適量

生菜、水果……適量

　｜隨個人喜好準備擺放

初榨橄欖油……適量｜可省略

作法

1. 將雞腿排兩面撒上少許海鹽、黑胡椒後，放入不沾平底炒鍋（皮面朝下），開小火煎至表皮金黃酥脆，接著翻面煎熟後取出，切大塊備用。

2. 中火加熱平底炒鍋，鍋熱後放入玉米粒炒至表面上色後取出放涼。

3. 將美乃滋、味噌、味醂混合均勻，再加入玉米粒與洋蔥丁拌勻備用。

4. 將雞腿塊、玉米沙拉、生菜等食材擺入盤中，在生菜上淋少許橄欖油即可。

椒鹽豬五花沙拉

食材（1-2 人份）

椒鹽麻油豬五花肉條……150g

　│參照 p.29 醃製

大蒜……10g│切粗末

青蔥……15g│切蔥花

大辣椒……0.5 支│切粗末

海鹽……0.5 小匙

白胡椒粉……0.5 小匙

生菜、水果……適量

　│隨個人喜好準備擺放

初榨橄欖油……適量

作法

1. 中火預熱一支不沾平底煎鍋，鍋熱後放入醃好的豬五花條煎至上色。

2. 豬五花稍微上色後，將鍋中的油瀝掉。接著轉中小火繼續煎，過程中用廚房紙巾不斷將逼出的油吸掉。

3. 豬五花煎到兩面都成金黃酥脆狀態後，取出剪切成適口大小。

4. 把蒜末、一半的蔥花、辣椒末放入鍋中，開中小火炒香後，放入豬五花拌炒。

5. 接著加入海鹽、白胡椒粉拌炒均勻，最後加入另一半的的蔥花拌炒均勻。

6. 將椒鹽豬五花、生菜等食材擺入盤中，在生菜上淋少許橄欖油即可享用。

辣鮪魚起司三明治

食材（1-2 人份）

鮪魚罐頭……1 罐

洋蔥……25g

　| 切細末泡冰水，可省略

日式美乃滋……60g

山葵醬……10g

黑胡椒……適量

醃漬墨西哥辣椒……適量

焗烤專用馬茲瑞拉起司絲……適量

麵包片……適量

作法

1. 打開鮪魚罐頭，先將罐頭裡的油水瀝乾，再把鮪魚肉放進一個調理碗。

2. 用叉子將鮪魚肉搗碎，加入擠乾水分的洋蔥末、美乃滋、山葵醬、黑胡椒攪拌均勻。

3. 將調好的鮪魚醬鋪在麵包片上，接著依序鋪上墨西哥辣椒、馬茲瑞拉起司絲。

4. 將鋪好材料的麵包片放進預熱 160 度的烤箱中，烤至起司絲都融化上色即可盛盤。

CHAPTER 5

運動的能量補給

大汗淋漓之後，也要好好吃頓飯！

　　我喜歡運動，但並不是專業的運動員或是教練，所以接下來的要談的並不是專業技術面的事，只是我自身經驗與日常觀察的小小分享。

　　現代人從事運動活動的理由，多是因為平時工作太操勞忙碌、壓力後的暴飲暴食的彌補心態，亦或是想雕塑身材並從中得到自信，這些理由沒有對或錯，只要自己開心最重要。我自己是從小就熱愛運動，學生時期到出社會，維持運動習慣是我生活中不可或缺的環節，除了讓代謝開始變慢的身體不至於歪樓得太嚴重，實質上更多的意義是為心靈帶來更強大的力量。

　　舉例來說，我習慣打籃球，這項運動大多都是以半場三對三或全場五對五來進行，在場上每一個人都需要依照自己被設定的位置，盡力完成這個位置該做的事，並且需要大量的溝通與良好的視野。這些訓練默默地讓我在工作中用更有效率、更聰明的方式與夥伴溝通，並且在各種事件狀況中，能夠看見夥伴、客戶的需要以及許潛藏機會。

　　至於慢跑，我雖然還算是托兒所階段的等級，但自從我開始練習之後，我發現自己的處事態度變得更加沈穩且有耐性，思考的方式也較樂觀正向。這些改變可能是因為慢跑時得非常專注在自己的呼吸與跑動的步伐上，以及跑到快撐不下去但又想要完成的時候得在心中對自己喊話「我可以做得到」的自我激勵。

不是每個人都可以成為 Kobe 或 C 羅

　　在資訊發達的世界，我們當然可以透過很多影片學習各種運動、自主訓練，也有許多運動員會分享他們自己是如何達到自己現在的競技水準。以世界上自我訓練非常嚴格的籃球員 Kobe Bryant 和足球員 Cristiano Ronaldo 為例，他們的天賦在運動員中雖然不是最頂尖的，可是他們的自我要求與毅力超乎常人，總是最早到球場，最晚離開球場，飲食控制、自主訓練也非常謹慎嚴格，造就他們在競技運動上有如此優異的表現與成就。但因為他們是職業運動員，生涯是有效期年限的，必須在短短的十幾年黃金歲月裡，讓自己維持在運動場上高度競爭的狀

態，身邊也有專業的團隊協助他們更有效率的訓練與身體修復。假設我們把這樣的運動方式，用到我們這樣非運動員的人身上，我覺得是很勉強的行為。畢竟每個人身體天生的條件都不一樣，他們的訓練方式不一定適用任何人。

所以說，運動雖然可以為我們的生活帶來正向的改變，但若因此讓自己產生心理壓力與身體上的負擔，我認為就該立即停下來，重新調整。千萬別認為無法達到預期目標的自己很失敗，因為過度的訓練其實是一種自我消耗，對於身心靈的健康不見得是好事，我們更應該把重點放在享受運動後的壓力釋放，並從中找到成就感與快樂，才能達到真正健康的狀態。

運動也需要保護跟修復

運動中還有一件事很重要，那就是保護自己，許多人沒有習慣做運動前的暖身動作以及運動後的收操，久而久之就會使我們的肌肉、筋膜、骨頭造成負擔，也容易累積受傷的風險，如果在運動中或是運動後感到痠痛或是疼痛，千萬不要忽視與硬撐，應該緊急為患部治療或是立刻尋求專業醫師的協助，如果沒有好好處理，有可能一輩子都無法再從事高強度的運動了，這是很可惜的，運動本來應該是可以為我們帶來健康，如果反而造成身體的負擔，就有點本末倒置了。

此外，運動後讓身體好好修復，飲食也是很重要的一環。很多人常常在運動之後，會覺得自己已經消耗掉很多熱量跟體力，一不小心就很爆吃一頓。在運動後攝取高油脂、精緻澱粉的食物，會讓自己當下的心情很爽快，偶一為之還好，但長期在運動後這樣吃，不但不容易瘦下來，反而讓身體有更多負擔。所以運動後的飲食八分滿很重要，類型的選擇也很重要，本章的食譜，就有許多是選擇低GI 的抗性澱粉－義大利麵來做為運動後的補給主食，另外只以單純的肉類或蛋白質再配上蔬菜，也是不錯的選擇，可以幫助修復運動後疲憊的肌肉與流失的維生素。

海鮮炒花椰菜米

食材（1-2 人份）

薑蒜油白蝦……6 尾
　　│ 參照 p.28 醃製，切大丁
薑蒜油中卷……100g
　　│ 參照 p.28 醃製，切大丁
洋蔥……50g │ 切小丁
花椰菜米……200g
玉米粒……60g
櫛瓜……50g │ 切大丁
嫩薑……10g │ 切末
大蒜……15g │ 切末
大辣椒……5g │ 切片
青蔥……15g │ 切花
海鹽……適量
黑胡椒……適量
初榨橄欖油……2 大匙

作法

1. 中火加熱一支不沾平底炒鍋並放入油，油熱後放入白蝦和中卷煎炒至上色。

2. 海鮮料煎炒上色後，撒上少許黑胡椒，關火並取出備用。

3. 中火加熱同一支炒鍋，放入洋蔥炒至透軟後，放入花椰菜米、玉米粒拌炒均勻並稍微上色。

4. 接著放入薑末、蒜末拌炒出香氣。辛香料炒出香氣後，放入海鮮料拌炒均勻。

5. 海鮮都炒熟後，加入櫛瓜丁、辣椒片拌炒均勻。

6. 接著撒上適量的海鹽、黑胡椒，最後放入蔥花拌炒均勻即可盛盤。

番茄風味嫩雞胸炒花椰菜米

食材（1-2 人份）

煙燻紅椒鹽滷雞胸肉……150g

　│參照 p.30 醃製

洋蔥……50g │切小丁

花椰菜米……200g

玉米粒……60g │新鮮玉米切下來

櫛瓜……50g │切小塊

大蒜……10g │去皮拍扁

辣椒片……1 小匙

海鹽……適量

黑胡椒……適量

初榨橄欖油……2 大匙

醬料

番茄醬……2 大匙

伍斯特醋……1 小匙

白酒……1 小匙

作法

1. 將橄欖油與大蒜放入一支平底炒鍋，開小火至大蒜呈金黃色後取出。

2. 中火持續加熱平底鍋，放入雞胸肉煎至兩面上色後取出，並切成小塊備用。

3. 中火加熱同一支炒鍋，放入洋蔥炒至透軟後，放入花椰菜米、玉米粒拌炒均勻並稍微上色。

4. 放入雞胸肉塊炒熟後，加入所有醬料、辣椒片拌炒均勻。

5. 接著放入櫛瓜塊拌炒均勻，最後撒上少許黑胡椒，拌炒均勻即可盛盤。

辣味噌雞里肌炒花椰菜米

食材（1-2 人份）

雞里肌……150g ｜切小塊

洋蔥……50g ｜切小丁

青椒……20g ｜切小丁

紅椒……20g ｜切小丁

花椰菜米……200g

新鮮玉米粒……60g

海鹽……適量

黑胡椒……適量

初榨橄欖油……2 大匙

醬料

辣豆瓣醬……10g

米味噌……10g

醬油……5g

味醂……20g

清酒……10g

大蒜……10g ｜切末

嫩薑……10g ｜切末

作法

1. 醬料全部混合均勻備用。

2. 中火加熱一支不沾平底炒鍋並放入油，油熱後放入雞里肌煎到上色後取出備用。

3. 中火加熱同一支炒鍋，放入洋蔥丁、甜椒丁炒軟炒上色。

4. 接著放入花椰菜米、玉米粒拌炒均勻並稍微上色後，加入雞里肌拌炒均勻。

5. 最後加入醬料，與所有食材拌炒均勻後，加入少許海鹽、黑胡椒調味即可盛盤。

蒜味嫩雞胸蔬菜筆管麵

食材（1-2 人份）

煙燻紅椒鹽滷雞胸……150g
　│參照 p.30 醃製
高麗菜……100g │切小塊
洋蔥……50g │切小塊
香菇……30g │切厚片
聖女番茄……50g │切對半
大辣椒……15g │切斜段
大蒜……20g │拍扁備用
筆管麵……120g
雞高湯……50g
生飲水……適量
海鹽……適量
黑胡椒……適量
初榨橄欖油……3 大匙

作法

1. 煮沸一鍋水（水 1000 g + 海鹽 10g），水滾後放入筆管麵，設定撈起時間為比包裝上彈牙口感建議時間少 2 分鐘。

2. 將大蒜和 2 大匙橄欖油放入不沾平底炒鍋，開小火煎至金黃色取出備用。

3. 接著開中火至油熱，放入雞胸肉煎上色後取出備用，並順紋切成適口大小。

4. 開中火至油熱，放洋蔥、香菇片、番茄、辣椒炒軟炒上色，稍微將番茄壓扁。

5. 加入高麗菜翻炒並稍微上色，接著加雞高湯拌炒均勻並煮滾。

6. 將煮好的筆管麵、煎好的大蒜加入平底鍋，並加少許煮麵水拌炒均勻。

7. 煮到醬汁剩一點的時候，加入雞胸肉並關火，加入 1 大匙橄欖油，用鍋鏟或夾子快速攪拌至醬汁乳化濃稠即可盛盤。

茄汁海鮮筆管麵

食材（1-2 人份）

蒜油白蝦……6 尾

　│參照 p.27 醃製

蒜油中卷……100g

　│參照 p.27 醃製

洋蔥……50g │切小丁

大蒜……20g │切碎末

蕃茄罐頭……200g │壓成泥

青花筍……60g │削皮切小塊

九層塔……10g

筆管麵……120g

雞高湯……50g

生飲水……適量

海鹽……適量

黑胡椒……適量

初榨橄欖油……3 大匙

作法

1. 白蝦、中卷表面撒上少許鹽、黑胡椒備用。

2. 煮沸一鍋水（水 1000 g + 海鹽 10g），水滾後放入筆管麵，設定撈起時間為比包裝上彈牙口感建議時間少 2 分鐘。

3. 中火加熱不沾平底炒鍋，鍋熱後放入 2 大匙橄欖油，油熱後放入白蝦、中卷煎上色，取出備用。

4. 接著將洋蔥丁放入鍋中炒至軟透並些微上色。

5. 洋蔥炒上色後放入蒜末炒出香氣，接著加入番茄泥與雞高湯拌炒均勻並煮滾。

6. 接著撈起煮好的筆管麵與青花筍放進平底鍋，並加入少許煮麵水拌炒均勻。

7. 煮到醬汁剩一點的時候，加入海鮮料與九層塔並關火，加入 1 大匙橄欖油，用鍋鏟或夾子快速攪拌至醬汁乳化濃稠即可盛盤。

清炒野菇雞肉義大利麵

食材（1-2 人份）

黑胡椒蒜鹽去骨腿排……100g
　│參照 p.25 醃製

鴻禧菇……50g │剝散

雪白菇……50g │剝散

秀珍菇……50g │撕大塊

大蒜……20g │拍扁去皮

青蔥……10g │切斜片

義大利直麵……130g

雞高湯……50g

生飲水……適量

海鹽……適量

黑胡椒……適量

初榨橄欖油……3 大匙

作法

1. 雞腿排兩面撒上少許海鹽、黑胡椒後，放入不沾平底炒鍋（皮面朝下），開小火煎至表皮金黃酥脆後取出，切成小塊備用。

2. 煮沸一鍋水（水 1000 g + 海鹽 10g），水滾後放入直麵，設定撈起時間為比包裝上彈牙口感建議時間少 2 分鐘。

3. 將大蒜和 2 大匙橄欖油放入不沾平底炒鍋，開小火煎至金黃色取出備用。

4. 接著開中大火，油熱後放入所有菇類煎至金黃色後，加入雞高湯拌炒均勻並煮滾。

5. 煮好的直麵與煎好的大蒜放進平底鍋，並加入少許煮麵水拌炒均勻。

6. 煮到醬汁剩一半的時候，加入雞腿肉煮到熟透，醬汁快收乾時關火。

7. 加入 1 大匙橄欖油，用鍋鏟或夾子快速攪拌至醬汁乳化濃稠，撒上青蔥即可盛盤。

茄汁燴鮭魚排與馬鈴薯

食材（1-2 人份）

鮭魚菲力……200g

馬鈴薯……150g｜切半月形

洋蔥……50g｜順紋切細絲

紅椒……50g｜切細條

黃椒……50g｜切細條

蕃茄罐頭……200g｜壓成泥

大蒜……20g｜去皮拍扁

辣椒碎片……0.5 小匙

九層塔葉……10g

雞高湯……150g

生飲水……150g

海鹽……適量

黑胡椒……適量

初榨橄欖油……2 大匙

作法

1. 鮭魚兩面撒上少許海鹽、黑胡椒備用。馬鈴薯塊放進一個小鍋，加入可以蓋過食材的水跟 1 小匙海鹽，煮滾後轉小火煮 10 分鐘後撈起瀝乾備用。

2. 將大蒜和 2 大匙橄欖油放入不沾平底炒鍋，開小火煎至金黃色取出備用。

3. 接著開中火至油熱，將鮭魚（皮面朝下）放進平底鍋煎焦脆後取出備用。

4. 開中火至油熱，放入馬鈴薯煎到表皮上色後，放入洋蔥、甜椒炒軟炒上色。

5. 接著加入蕃茄泥、雞高湯、大蒜、乾辣椒，轉小火煮 5 分鐘至醬汁逐漸濃稠。

6. 將鮭魚放進鍋中一起煮熟，最後加入九層塔、少許海鹽、黑胡椒調味即可盛盤。

燒烤松阪豬配堅果地瓜泥

食材（1-2 人份）

香蒜辣味鹽松阪豬⋯⋯200g
　│參照 p.26 醃製
市售烤地瓜⋯⋯200g│約 2 個，去皮
蜂蜜⋯⋯1 小匙
檸檬汁⋯⋯適量
烤杏仁⋯⋯10g│約 1 小把，切碎
檸檬皮屑⋯⋯適量│可省略
乾辣椒碎片⋯⋯1 小撮│可省略
海鹽⋯⋯適量
黑胡椒⋯⋯適量
初榨橄欖油⋯⋯1.5 大匙
生菜、水果⋯⋯適量
　│隨個人喜好準備擺放

作法

1. 將烤地瓜表皮撕掉搗成泥，加入蜂蜜、0.5 大匙橄欖油、檸檬汁攪拌均勻。

2. 接著在地瓜泥中加入杏仁碎、少許海鹽、黑胡椒、檸檬皮屑、乾辣椒碎片攪拌均勻備用。

3. 中火加熱一支不沾平底煎鍋，鍋熱後加入 1 大匙橄欖油，油熱後放入松阪豬。

4. 松阪豬兩面煎上色至熟透後，起鍋逆紋切成片，並與地瓜泥、生菜、水果裝盒即可享用。

燜煮蔬菜配鱸魚排

食材（1-2 人份）

鱸魚排……200g

馬鈴薯……150g

　｜洗淨去皮，切成半月形

大蒜……20g｜去皮拍扁

百里香……1 支｜可省略

青花筍……150g｜洗淨去皮，切大塊

牛番茄……100g｜約 1 顆，切成 4 片

洋蔥……50g｜切小塊

玉米……120g｜約 0.5 支

雞高湯……150g

生飲水……150g

海鹽……適量

黑胡椒……適量

初榨橄欖油……2.5 大匙

作法

1. 鱸魚兩面撒上少許海鹽、黑胡椒備用。馬鈴薯塊放進一個小鍋，加入可以蓋過食材的水跟 1 小匙海鹽，煮滾後轉小火煮 10 分鐘後撈起瀝乾備用。

2. 將大蒜和 2 大匙橄欖油放入不沾平底炒鍋，開小火煎至金黃色取出備用。

3. 接著開中火至油熱，將鱸魚（皮面朝下）放進平底鍋煎焦脆後取出備用。

4. 開中火至油熱，放入馬鈴薯煎到表皮上色後，放入所有蔬菜料及百里香炒軟、炒上色。

5. 接著加入大蒜、雞高湯跟水，蓋上鍋蓋轉小火煮 5 分鐘至醬汁逐漸濃稠。

6. 將鱸魚放進鍋中一起煮熟，最後加入 0.5 大匙橄欖油、少許海鹽、黑胡椒調味即可盛盤。

香煎牛小排配蔬菜歐姆蛋

食材（1-2 人份）

黑胡椒蒜鹽牛小排⋯⋯200g

　　│參照 p.25 醃製

雞蛋⋯⋯3 顆

牛奶⋯⋯30g

雞高湯⋯⋯30g

櫛瓜⋯⋯50g │切大丁

紅椒⋯⋯30g │切大丁

紫洋蔥⋯⋯30g │切丁

海鹽⋯⋯適量

黑胡椒⋯⋯適量

初榨橄欖油⋯⋯3 大匙

作法

1. 雞蛋打散後，與牛奶、雞高湯混合均勻，再用少許海鹽、黑胡椒調味。

2. 中火加熱一支不沾平底炒鍋並加入 1 大匙橄欖油，油熱後放入牛小排，一面煎大約 1 分半，四面都煎上色後起鍋靜置備用。

3. 中火加熱鍋子，放入所有蔬菜丁炒至上色熟軟，用少許海鹽、黑胡椒調味後起鍋備用。

4. 用廚房紙巾將鍋子擦乾淨，接著中火加熱，鍋熱後加入 2 大匙的橄欖油，油熱後放入蛋液，蛋液周圍開始凝固後關火，用鍋鏟以畫圈的方式將蛋拌至九分熟。

5. 將牛小排逆紋切片，和蛋一同放入餐盤或盒子中，最後放上炒蔬菜即可享用。

休假日的親友聚會

料裡就是人與人之間剛剛好的距離。

這兩年因爲疫情的緣故，我們和親友之間的「實體相處」變得很少，所以只要聚在一起，總是特別珍惜這樣難得的時刻，彼此的關係好像比從前更加緊密靠近。這不禁讓我開始思考，如果疫情結束，回歸到正常生活之後的物理距離重新拉近、相處機會變多的狀態下，會不會更容易產生紛爭、有更多看不順眼的小事，反而讓大家的心漸漸開始疏離呢？

人和人之間都需要一點社交距離

相信很多人和我一樣，大學時期或出社會後就搬出家裡在外生活，剛開始一定覺得很自由、很快活，很多事情可以自己做主，而且沒有人管的日子實在太爽了。但這樣的日子久了，年紀也漸長之後，想家的那份心情反而會開始變得強烈。並不是眞的想要回家住，而是會掛心家人的生活狀態、身體健康等，與家人之間的日常聯繫也變得頻繁。拜現代科技所賜，即使和家人沒有相處在一起，但我們可以用視訊關心彼此近況、分享心中的煩惱或是快樂，說眞的，也是這樣我才體認到關係與情感的緊密，並不全然是能夠物理距離的連結可以帶來的，反而是給予彼此更多的空間。

但也有很多人一直與家人同住，尤其疫情之下有更多待在家工作的機會，共處的時間更長，可能會因爲作息不同或是空間上的分配進而產生摩擦，這其實也是無可厚非的事，因爲大家都有各自的生活要過，也有各自的煩憂要解決。在衝突過後可能會有很多人表示妥協、忍一下就好了，但我總覺得這不是長久之計，畢竟委曲求全、維持表面的和平，眞正的問題根本沒有被解決。所以我認爲，最好的方式是把規範和界線設定好，這是家人們之間得一起討論、協調的，例如：不干涉各自的起床、吃飯時間，不要突然闖進個人房間，或是不發出打擾人的聲響等，當然也不能忘了，維持公共空間的整潔是所有人的責任。

這些原則，並不是距離，反而是因爲尊重彼此是獨立的個體、有獨立的空間，保持適當的距離，才能夠開心地相處在一起。朋友也一樣，學生時期或是初踏入

社會的前期，我們和朋友的相處機會總是特別多，沒有什麼牽掛跟憂慮的情況下，大多時候總能夠輕易地就揪出去玩樂聚會，但是隨著時間的流逝，我們可能因為工作、事業有更多要承擔的責任，或是把家庭放在生活重心第一位順位，與朋友的往來會漸漸減少，關係也不像從前緊密，這都是人生進程不斷往前的過程。

去年底，我和久違的高中同學們辦了一次露營，雖然有些人已經多年沒有碰到面了，即便是這樣，我們見到面時還是有一種熟悉的感覺，一起煮火鍋、喝酒、彈吉他唱歌，深夜大家酒酣耳熱的時候圍著桌子聊著各自人生的計畫、挫折與無奈。那樣的情景就好像回到高中時期，但因為經歷了社會磨鍊，我們更能同理彼此的感受，也能適時的交換意見，長大後的人生實在難得有幾次機會能找回這樣瘋狂的青春模樣。但也讓我相信，真正的友誼，也不需要一直都要膩在一起才能維持。

料理就是剛剛好的距離

人際關係就是這樣，適當距離就像我的八分滿哲學，即便沒有時刻實際相伴或噓寒問暖，但把親友們生命中重要的、喜愛的、討厭的都放在心上，帶來的力量的份量感是很重的。而且，當需要談心吐苦水講幹話的時候，我們還是會盡全力地陪伴、相挺彼此，這樣真摯的關心更重要，是一種讓感情長存的方式。

其實呢，我認為最適當地聯絡彼此感情的方法，就是吃飯了吧，特別是在家裡準備一桌料理宴請親友們，或是約大家一起出去野餐。隨性自在地聊天吃喝之餘，也能發揮很多自己的創意或是展現自己對親友的關心，像是記得某些人吃東西的喜好，例如有人不喜歡芋頭、香菜，或是有人對甲殼類的海鮮過敏，就避開這些食物。接下來這一章，就匯集了好幾道適合餵飽很多人的聚會料理，比如燉一鍋肉、咖哩或是準備幾盤冷著吃也行的涼拌菜都是不錯的選擇，畢竟，吃得開心就是讓聚會氣氛變好的不變法則！

鹽燉蔬菜豬肉配烏龍冷麵

食材（4-6 人份）

豬梅花塊……600g

　│大小約 8cm*16cm 大塊，不分切

白蘿蔔……200g

　│削皮切成半月型厚塊

紅蘿蔔……100g

　│削皮切成半月型厚塊

青花菜……150g │削皮，切大朵

青蔥……10g │切段

薑……10g │切片

清酒……300g

生飲水……1000g

冷凍烏龍麵……600g

韓國麻油……適量

香菜……適量

醃料

花椒……5g

海鹽……30g

作法

1. 花椒、海鹽放入一個炒鍋，開小火炒至花椒香氣出來並呈現深褐色後，搗成細末狀，均勻地抹在豬梅花塊上，並用保鮮膜封緊放在一個深盤裡，放進冰箱冷藏醃製 2-3 天。

3. 醃好的豬肉放進一個燉煮鍋，加入蔥段、薑片、清酒、水，開大火煮到雜質浮出。

4. 撈起雜質、蔥段、薑片後，加入白蘿蔔，蓋上鍋蓋後燉煮 40 分鐘至豬肉、蘿蔔軟透。

5. 將煮好的豬肉、蘿蔔撈起，將湯汁重新煮滾，放入紅蘿蔔煮軟後，放入青花菜煮熟。

6. 將烏龍麵用滾水燙軟之後，放進冰塊水裡冰鎮，再撈起瀝乾拌上少許麻油備用。

7. 將豬梅花塊切成厚片，與蔬菜料、烏龍冷麵一同盛盤並淋上少許湯汁，擺上香菜即可享用。

香料咖哩燉牛肉配烤餅

食材（4-6 人份）

牛肋條……800g

　　│冷藏退凍，切成 4 公分大塊

洋蔥……250g │切大丁

大蒜……25g │磨泥

薑　　……25g │磨泥

蕃茄罐頭……250g │壓泥

薑黃粉……1.5 小匙

辣椒粉……1.5 小匙

芫荽粉……1.5 大匙

熱水……適量

芥花油……3 大匙

市售印度烤餅……5-6 大片

　　│退冰後噴上一點水，烤熱

醃料

咖哩粉……1 大匙

海鹽……適量

黑胡椒……適量

作法

1. 牛肋條表面均勻撒上所有醃料，冷藏醃製一晚備用。

2. 將醃好的牛肋條拿出冰箱回溫，中火加熱一支不沾平底煎鍋並加入少許油，油熱之後放入牛肋條煎到表面呈金黃色後取出備用。

3. 中火加熱一支燉煮鍋，鍋熱後加入 3 大匙芥花油，油熱後放入洋蔥丁不斷拌炒到表面呈淡淡金黃色後，轉中小火慢慢炒到逐漸變成深焦糖色。

4. 接著加入蒜泥、薑泥，拌炒均勻後加入 3 大匙熱水與番茄泥持續拌炒。

5. 炒到番茄泥水分差不多蒸發後，加入薑黃粉、辣椒粉、芫荽粉炒勻。

6. 接著加入煎好的牛肋條，並加入可以蓋過食材的熱水，蓋上鍋蓋轉小火燉煮 45 分鐘。

7. 牛肋條都熟軟後，若湯汁太稀就開中火收至濃稠，最後再用少許鹽調味即可盛盤，搭配烤餅一起享用。

酒香燉牛肉與麵包片

食材（4-6 人份）

黑胡椒蒜鹽牛肋條……800g

　　│參照 p.25 醃製，切成 5 公分大小

培根……75g │切小丁

洋蔥……150g │切細丁

胡蘿蔔……150g │削皮後切細丁

西洋芹……150g │削皮後切細丁

大蒜……40g │切細末

紅蔥頭……40g │切細末

威士忌……50g

黑胡椒粗粒……2 小匙

梅林辣醬油……40g

月桂葉……1 片

雞高湯……600g

低筋麵粉……20g

海鹽……適量

黑胡椒粉……適量

初榨橄欖油……2 大匙

奶油……15g

法國長棍……1-2 條│切成適口小片

作法

1. 牛肋條裹上麵粉備用。

2. 中火預熱一支燉煮鍋，鍋熱後放入橄欖油、奶油，油熱後，放入牛肋條煎至兩面上色，起鍋備用。

3. 鍋中放入培根丁，炒至培根丁呈現金黃焦脆後，放入洋蔥丁、胡蘿蔔丁、西洋芹丁及 1 小撮鹽，拌炒至蔬菜丁熟軟。

4. 蔬菜熟軟後，放入蒜末、紅蔥頭末拌炒均勻至香氣出來。將牛肋條放回鍋中與其他材料拌炒均勻，加入威士忌炒出香氣。

5. 威士忌揮發後，放入黑胡椒粗粒、梅林辣醬油、月桂葉拌炒均勻，接著倒入雞高湯，鍋中湯汁滾沸後，轉小火並蓋上鍋蓋，燉煮 40-50 分鐘至牛肉軟爛。

6. 如果鍋中湯汁還是太稀可開中火把醬汁收濃，若味道太淡，加入少許海鹽調味即可盛盤，搭配麵包片一起享用。

韓式烤豬五花

食材（4-6 人份）

椒鹽麻油豬五花肉條……600g

　　│參照 p.29 醃製

市售韓國白菜泡菜……適量

市售韓國蘿蔔泡菜……適量

大蒜……20g │切片

生菜……適量

沾醬

砂糖……10g

韓國辣椒醬……30g

韓國大醬……30g

大蒜……20g │磨泥

洋蔥……60g │切細末

黑胡椒粉…… 小撮

香油……10g

辣蔥絲

青蔥……120g │切絲

韓國辣椒醬……40g

砂糖……10g

糯米醋……20g

清酒……20g

韓國辣椒粉……10g

香油……10g

作法

1. 製作沾醬。將砂糖與辣椒醬、大醬混合均勻，接著放入蒜泥、洋蔥碎拌勻。最後再加入胡椒粉、香油即完成。

2. 製作辣蔥絲。將韓國辣椒醬、砂糖、糯米醋、清酒混合均勻成醬汁，再加入蔥絲拌勻，最後拌入辣椒粉、香油即完成。

3. 中火預熱一支不沾平底煎鍋，鍋熱後放入醃好的豬五花條煎至稍微上色後，將鍋中的油瀝掉。接著轉中小火繼續煎，過程中用廚房紙巾不斷將逼出的油吸掉。

4. 豬五花條煎到兩面都成金黃酥脆狀態後，剪／切成適口大小。

5. 將豬五花條和生菜、泡菜、辣蔥絲、大蒜、沾醬分別盛盤即可一起享用。

慢烤橙汁豬肉

食材（4-6 人份）

蒜辣鹽豬梅花肉……800g

　　│參照 p.26 醃製

鄉村麵包……1 顆│切成適口小片

生菜……適量│洗淨瀝乾冷藏

醃料

市售柳橙汁……80g

烏斯特醋……50g

罐頭番茄……200g

蜂蜜……50g

大蒜……30g

薑……20g│切小塊

辣椒……10g│切小段

橙皮……10g

百里香……4 支

白酒……40g

初榨橄欖油……60g

作法

1. 把醃料所有食材用調理機或果汁機打均勻細緻備用。

2. 將豬梅花肉放進一個大調理盆或大保鮮密封袋，倒入醃料並封緊之後，放入冰箱冷藏醃製 1 天。

3. 將醃好的豬肉連同醃料醬汁取出回溫，放置在一個深烤盤裡，再放進預熱 130 度的烤箱，烤 3-4 小時。

4. 烤的過程中請注意，如果有一面開始上色了，即可翻面繼續烤，這個動作大約重複 2-3 次，直到把豬肉烤到全部酥軟、烤盤裡的醬汁剩下一點點即可。

5. 將烤好的豬肉切成小塊，與烤過的麵包片、生菜擺放在餐盤或餐盒裡即可享用。

椒香雞肉三明治

食材（4-6 人份）

花椒鹽雞胸肉……150g

　　│ 參照 p.24 醃製

小黃瓜……1 支│斜切薄片

牛番茄……1 顆│切小片

英格蘭堡麵包……5-6 個

醬料

日式美乃滋……60g

是拉差辣椒醬……20g

蜂蜜……10g

作法

1. 電鍋外鍋放 1 杯水，按下開關，水滾後放入雞胸肉蒸 5 分鐘，跳到保溫模式，燜 15 分鐘。

2. 燜熟的雞胸肉取出放涼，用叉子或手剝成雞絲，並與蒸出來的雞汁混合均勻備用。

3. 醬料混合均勻備用。麵包放進預熱 160 度的烤箱烤至表面酥香。

4. 將烤好的麵包切縫打開，抹上薄薄的醬料，依序鋪上小黃瓜、牛番茄、雞肉絲，最後在雞肉絲上方淋上少許醬料即可。

烤香料豬排蘋果三明治

食材（4-6 人份）

鹽滷豬梅花排……400g

　| 2 片，約 2.5cm 厚，參照 p.30 醃製

蘋果……半顆

　| 去籽、切片後泡鹽水

生菜……50g

　| 洗淨後瀝乾冷藏

厚片吐司……4 片

醬料

蜂蜜……10g

日式美乃滋……60g

芥末子……10

黑胡椒……1 小撮

辣椒粉……1 小撮

作法

1. 將豬排用廚房紙巾擦乾水分後，放進氣炸鍋中，以 180 度炸 12 分鐘取出放涼備用（如果沒有氣炸鍋，也可用平底鍋煎熟）。

2. 將醬料混合均勻備用；蘋果片擦乾備用。

3. 厚片吐司烤上色後，一片吐司抹上醬料，依序鋪上蘋果片、生菜、豬排。

4. 再將另一片抹好醬料的吐司蓋上，接著用刀子從中間切開（跟蘋果片水平）即可盛盤。

169

台式蝦鬆配麵包片與生菜

食材（4-6 人份）

白蝦……24 尾｜切小丁

洋蔥……200g｜切小丁

荸薺……150g｜切小丁

大蒜……30g｜切末

嫩薑……30g｜切末

青蔥……30g｜切花

鹽……適量

香油……少許

芥花油……2 大匙

法國長棍……1-2 條｜切成適口小片

生菜……適量

醃料

蛋白……15g

紹興酒……30g

太白粉……10g

白胡椒粉……2 小撮

作法

1. 將白蝦丁與全部醃料混合均勻醃製 10 分鐘。

2. 中火加熱一支炒鍋，放入芥花油，油熱後放入白蝦丁炒至七分熟取出。

3. 接著中火繼續加熱同一支炒鍋，放入洋蔥丁炒至透明狀後，放入荸薺丁、蒜末、薑末一起拌炒均勻，炒出香氣後，放入蝦丁拌炒均勻。

4. 白蝦丁炒熟了之後，加入蔥花拌炒均勻，關火，淋上少許香油拌炒一下即可盛盤，搭配麵包片、生菜一起享用。

蜂蜜芥末貝殼麵沙拉

食材（4-6 人份）

里肌火腿……8 片｜切細絲

紅蘿蔔……40g｜切細絲

蘋果……80g｜切細條泡水

紫洋蔥……40g｜順紋切細絲

櫛瓜……80g｜切細絲

貝殼麵……300g

生飲水……適量

海鹽……適量

醬料

蜂蜜……15g

日式美乃滋……90g

芥末子……10g

黑胡椒……適量

作法

1. 紅蘿蔔絲加入一小撮鹽，靜置 10 分鐘後擠乾水分備用。泡好水的蘋果絲瀝乾備用。

2. 醬料的所有材料混合均勻備用。

3. 煮沸一鍋水（水 1000 g + 海鹽 10g）水滾後放入貝殼麵，煮到包裝建議的時間後撈起。

4. 將里肌火腿絲和所有蔬果絲放入一個調理盆，剛撈起的貝殼麵倒入並與所有食材攪拌均勻。

5. 等待貝殼麵都冷卻之後，加入調好的蜂蜜芥末醬料再次攪拌均勻即可盛盤。

蔬菜培根雞肉炊飯

食材（4-6 人份）

去骨腿排……200g

厚培根……30g｜切大丁

鴻禧菇……50g｜剝散

薑……10g｜切末

脫殼栗子……8 顆

胡蘿蔔……150g｜切粗絲

高麗菜……200g｜切約 7 公分大塊

越光米……300g｜洗淨瀝乾

雞高湯……320g

醬油……15g

味醂……15g

清酒……15g

海鹽……適量

黑胡椒……適量

青蔥……1 支｜切蔥花

香油……少許

芥花油……2 大匙

作法

1. 將雞腿排兩面撒上少許海鹽、黑胡椒後，放入不沾平底炒鍋（皮面朝下），開小火煎至表皮金黃酥脆後取出，切大塊備用。

2. 在平底鍋加入 2 大匙芥花油，開中火至油熱後，放入培根丁炒到表面上色。

3. 接著放入薑末、鴻喜菇、栗子放入鍋中炒香炒上色後，放入胡蘿蔔絲、高麗菜，與其他食材拌炒均勻至蔬菜軟化，關火後放入白米拌炒均勻。

4. 將炒好的蔬菜料、米，放入電子飯鍋的內鍋中，並倒入雞高湯、醬油、味醂、清酒攪拌均勻。

5. 最後鋪上煎好的雞腿肉在最上方，蓋上鍋蓋後按下烹調米飯的功能。

6. 等待烹調完成提示聲響起，打開鍋蓋，淋上香油攪拌均勻、撒上蔥花即可盛盤。

後記

《便當八分滿》從確認主題到開始籌備製作的時間，其實也就短短的三個月，很幸運地在本土疫情第二波爆發前，我和團隊就完成了拍攝工作。整本書能夠順利製作完成的幾個核心因素，除了第一本書以及這三年中間累積的食譜設計經驗之外，是來自於我個人的內在成長。

這樣的個人內在成長，是我開始面對內心最真實的自己，不斷地探問：「這本書到底想要帶給大家什麼？」、「我希望它能長成什麼樣子？」。

而探索內心的過程，讓我的意志越來越堅定，心目中最想呈現的書的樣貌也漸漸成形，所以在面臨很多抉擇與需要調整的狀況時，我都能明確、誠實地跟夥伴們表達我的想法跟目標，沒有太多猶豫不決的情形，而且即便有無法抗力的情況出現，我也能更加坦然面對。

能有這些改變，相信是我在生活中不斷試著去實踐「八分」哲學帶來的成果，也讓大家能在這本書裡看到更真實的 Ayo、更樸實不造作的便當料理、更貼近大家的生活場景，這一切的一切，雖然不容易，但卻讓我的心更加富足，同時也為自己感到驕傲。

最後，我必須要 Shout out 和感謝我的製作團隊以及贊助夥伴，沒有你們的努力付出，這本書實在沒辦法走到這裡（這是什麼得獎感言稿？），謝謝你們參與了我生命中這麼重要的作品！

謝謝高寶書版願意再次相信我可以生出第二本書，還有我的責任編輯雅筑，因為我們對彼此的信任與默契，才讓所有事情能夠順利推動！

謝謝 BIOS 的團隊與經紀夥伴，若沒有你們這幾年陪著我在創作的路上一起打怪闖關，我今天可能還是一直待在新手試煉區瞎砍 NPC。

謝謝一直以來非常照顧我的贊助品牌金豐盛、巢家居，讓我更安心、自在地在廚房創作；也謝謝伊萊克斯，在最緊急的時刻，提供了最即時的廚房火力支援。

謝謝這本書裡所有畫面製作的團隊，快門精準俐落又充滿溫暖的攝影師科呈、最懂我心中美學概念的裝幀設計師 Rika、最會把人變帥變美的造型妝髮師 Andy 與 Shifty，以及我最信任的備料救火隊長亨利，能夠跟你們一起工作，是我最大的榮幸。

謝謝一路相挺的小齊、艾克、序中、張翔、起司、順哥、Grace、臥龍村、秋瀾號、山羊先生、政祐、偉喬、阿金、凱神後援會、愛蜜莉、阿褚、昕與容，你們對我的好，我都點滴在心頭。

謝謝我的家人兄弟們，爸媽、楷與曹、浩宇、tete 與 te 媽，你們總是在我最需要支持的時候，給我最大的溫暖與包容，因為你們給我這麼多愛，我才能擁有巨大的力量完成所有的事，我真的很幸福。

這本書也要獻給我在天上的親人，謝謝祢們曾經在我的生命中寫下深刻的故事，我會帶著祢們的精神繼續走下去。

最後，願大家都能逐漸從疫情帶來的灰暗中找到光明，也請記得，無論如何都要好好地照顧自己。

Ayo 寫於 2022 初夏

![高寶書版集團 gobooks.com.tw]

CI 155
便當八分滿
辦公午食、小酌聚會、運動補給，50個生活場景裡撫慰人心的便當料理

作　者	不務正業男子Ayo
主　編	楊雅筑
企　劃	鍾惠鈞
攝　影	林科呈
封面設計	Rika Su
內頁設計	Rika Su
排　版	賴姵均

合作出版　Ⓟ BIOS　BIOS 文化創意顧問

特別感謝　◀Electrolux、nest 巢·家居、金豐盛 Kingrich 贊助合作

發 行 人	朱凱蕾
出　版	英屬維京群島商高寶國際有限公司台灣分公司
	Global Group Holdings, Ltd.
地　址	台北市內湖區洲子街88號3樓
網　址	gobooks.com.tw
電　話	（02）27992788
電子信箱	readers@gobooks.com.tw（讀者服務部）
傳　真	出版部（02）27990909　行銷部（02）27993088
郵政劃撥	19394552
戶　名	英屬維京群島商高寶國際有限公司台灣分公司
發　行	英屬維京群島商高寶國際有限公司台灣分公司
初版日期	2022 年 7 月

國家圖書館出版品預行編目(CIP)資料

便當八分滿：辦公午食、小酌聚會、運動補給,50個生活
場景裡撫慰人心的便當料理/不務正業男子Ayo作. -- 初
版. -- 臺北市：英屬維京群島商高寶國際有限公司臺灣分
公司, 2022.07
　　面；　公分. --（嬉生活；CI146）

ISBN 978-986-506-448-8（平裝）

1.CST: 食譜

427.1　　　　　　　　　　　　　111008366

nest 巢·家居

精彩料理生活

讓美味如影隨行的荷蘭MEPAL保鮮盒，可堆疊收納的多款容量設計，
適合盛裝餐點、蔬果或湯品等。100%密封上蓋有效防漏，不含BPA
微波加熱更安心，輕鬆打造廚房美學。

✂ 請沿虛線剪下

MEPAL

請沿虛線剪下 ✂

憑截角購買
MEPAL密封保鮮盒全系列，
單筆消費發票金額滿$500，
即可現折$100

◎ 每張截角限兌乙次。
◎ 本截角恕不得影印使用。
◎ 限nest巢·家居全台櫃位使用。

有效期限：即日起-2022/12/31

HAVEN by nest 赤峰門市 (02) 2550-9986 / DEPOT by nest 台中門市 (04) 2320-6178 /
SOGO台北忠孝店 9F (02) 2775-3359 / 美麗華百樂園 1F (02) 8789-1869 / 新光三越信義A8店 7F (02) 2729-3886 /
SOGO新竹巨城店 6F (03) 533-4713 / 遠東百貨竹北店 5F (03) 550-1832 / 新光三越台中店 7F (04) 2251-7426 /
漢神巨蛋購物廣場 B1F (07) 550-3698 / nest x GREENGATE新光三越西門店 B1F (06) 303-1183(僅販售部分商品)

金豐盛

金豐盛
好吃推薦

point

擁有農場到分切廠完整產銷履歷驗證，
從產地到包裝完整把關貼體包裝技術，
有效保鮮更環保給你規格到價格的全
方位守護，就是金豐盛。

品牌代言人 千千
真心推薦

Kingrich 金豐盛
雞腿肉條
Chicken Thigh Strips
製造 20XX.0X.0X │ 淨重：
有效 20XX.0X.0X │ XXX 公克
代言人 千千

Kingrich 金豐盛
翅小腿
Chicken Drumettes
製造 20XX.0X.0X │ 淨重：
有效 20XX.0X.0X │ XXX 公克
代言人 千千

Kingrich 金豐盛
雞尾椎
Chicken Tails
製造 20XX.0X.0X │ 淨重：
有效 20XX.0X.0X │ XXX 公克
代言人 千千

Website │ www.kingrichfoods.com
Facebook │ 金豐盛 Kingrich
Instagram │ @kingrich.g